# Gestaltung hybrider Mensch-Maschine-Systeme/Designing Hybrid Societies

**Reihe herausgegeben von**
Angelika Bullinger-Hoffmann, Chemnitz, Deutschland

Veränderungen in Technologien, Werten, Gesetzgebung und deren Zusammenspiel bestimmen hybride Mensch-Maschine-Systeme, d. h. die quasi selbstorganisierte Interaktion von Mensch und Technologie. In dieser arbeitswissenschaftlich verankerten Schriftenreihe werden zu den Hybrid Societies zahlreiche interdisziplinäre Aspekte adressiert, Designvorschläge basierend auf theoretischen und empirischen Erkenntnissen präsentiert und verwandte Konzepte diskutiert.

Changes in technology, values, regulation and their interplay drive hybrid societies, i.e., the quasi self-organized interaction between humans and technologies. This series grounded in human factors addresses many interdisciplinary aspects, presents socio-technical design suggestions based on theoretical and empirical findings and discusses related concepts.

Weitere Bände in der Reihe http://www.springer.com/series/16273

Michael Wächter

# Gestaltung tangibler Mensch-Maschine-Schnittstellen

## Engineering-Methode für Planer und Entwickler

Mit einem Geleitwort von
Prof. Dr. Angelika C. Bullinger-Hoffmann

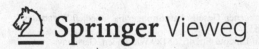

Michael Wächter
Technische Universität Chemnitz
Arbeitswissenschaft und
Innovationsmanagement
Chemnitz, Deutschland

Dissertation Technische Universität Chemnitz, Deutschland, 2018

ISSN 2661-8230          ISSN 2661-8249   (electronic)
Gestaltung hybrider Mensch-Maschine-Systeme/Designing Hybrid Societies
ISBN 978-3-658-27665-2          ISBN 978-3-658-27666-9   (eBook)
https://doi.org/10.1007/978-3-658-27666-9

Die Deutsche Nationalbibliothek verzeichnet diese Publikation in der Deutschen National-
bibliografie; detaillierte bibliografische Daten sind im Internet über http://dnb.d-nb.de abrufbar.

Springer Vieweg
© Springer Fachmedien Wiesbaden GmbH, ein Teil von Springer Nature 2019

Springer Vieweg ist ein Imprint der eingetragenen Gesellschaft Springer Fachmedien Wiesbaden
GmbH und ist ein Teil von Springer Nature.
Die Anschrift der Gesellschaft ist: Abraham-Lincoln-Str. 46, 65189 Wiesbaden, Germany

# Geleitwort

In der aktuellen Diskussion von Wirtschaft, Politik und Wissenschaft zum Thema Industrie 4.0 kommt die Sprache regelmäßig auf die Umsetzbarkeit und die Akzeptanz umgesetzter Lösungen, insbesondere in kleinen und mittleren Unternehmen. Michael Wächter hat diese Diskussionen zum Anlass genommen, seine Dissertation zu schreiben.

Mit seiner Arbeit zur ergonomischen Gestaltung mobiler Endgeräte im Produktionsumfeld schlägt er eine Vorgehensweise vor, mit der tangible Mensch-Maschine-Schnittstellen für Industrie 4.0 effizient entwickelt werden können, um gebrauchstauglich zu sein und von den späteren Nutzern akzeptiert zu werden. Die von ihm entwickelte Engineering-Methode ist speziell für kleine und mittlere Unternehmen geeignet, da er ein Spektrum an Methoden und Werkzeugen vorstellt, das bei konsequenter Ausrichtung auf die späteren Nutzer auch mit geringen Ressourcen umsetzbar ist.

Es gelingt ihm mit seiner Dissertation, Antworten auf Fragen verschiedener Teilnehmerkreise an der Diskussion zu Industrie 4.0 zu schaffen: Für die Praxis ist eine Engineering-Methode als Handreichung entstanden, um gebrauchstaugliche und akzeptierte Mensch-Maschine-Schnittstellen von der Idee über den Prototyp zum Produkt umzusetzen. Für die Wissenschaft ist interessant, wie er das Prinzip gestaltungsorientierter Forschung konsequent nutzt, um die Methode zu entwickeln und zu evaluieren.

Während die Dissertation auf das Feld der mobilen Assistenzsysteme zugeschnitten ist, bietet die erarbeitete Engineering-Methode mit den darin enthaltenen Methoden und Werkzeugen Potential für die Gestaltung anderer, hochinnovativer Mensch-Maschine-Schnittstellen.

Ich wünsche Michael Wächter daher zahlreiche interessierte Leserinnen und Leser aus Wirtschaft, Politik und Wissenschaft – und noch viel mehr gebrauchstaugliche Mensch-Maschine-Schnittstellen, die auf Grundlage seiner Arbeit gestaltet werden!

Chemnitz, im Mai 2019                        Angelika C. Bullinger-Hoffmann

# Vorwort

Mit der Digitalisierung der Produktion entstehen, vor allem im tangiblen Bereich, neuartige Mensch-Maschine-Schnittstellen, deren gebrauchstaugliche Gestaltung eine wesentliche Grundlage für die Akzeptanz der Anwender darstellt. Die Aktualität des Themas, die Integration verschiedener wissenschaftlicher Disziplinen und die Produktion als Anwendungsdomäne bilden eine große Herausforderung für die Entwicklung einer Engineering-Methode zur Gestaltung gebrauchstauglicher tangibler Mensch-Maschine-Schnittstellen. Diese zu bewältigen wäre ohne die Menschen, die mich in den letzten Jahren begleitet haben, nicht möglich gewesen.

Mein herzlicher Dank gilt daher zunächst Frau Prof. Dr. Angelika C. Bullinger-Hoffmann, die mich in den letzten Jahren immer unterstützt und gefördert hat. Diese Rahmenbedingungen ermöglichten es mir, meine eigenen Forschungsinteressen zu entwickeln und zu verfolgen. Ebenso danke ich Herrn Prof. Dr.-Ing. Egon Müller für die Übernahme des Zweitgutachtens und Herrn Prof. Dr.-Ing. Thomas Lampke für die Übernahme des Prüfungsvorsitzes. Bei Herrn Dr. Holger Hoffmann möchte ich mich im Besonderen bedanken. Unsere zahlreichen Diskussionen haben meinen Horizont stets erweitert und gaben mir viel von meinem akademischen Rüstzeug. Unser Austausch war stets inspirierend, lehrreich und erfrischend.

Ebenfalls danken möchte ich meinen Kollegen und Freunden vom Lehrstuhl Arbeitswissenschaft und Innovationsmanagement der Technischen Universität Chemnitz. Ein besonderer Dank gebührt Herrn Tim Schleicher, der mir stets ein bedeutender Begleiter war und meine Motivation in den richtigen Momenten aufrechterhielt. Von der Idee bis zur finalen Ausgestaltung hat er sich stets für mich engagiert und mir die Möglichkeit gegeben, mein Methodenmodell in der betrieblichen Praxis anzuwenden. Herr Dr.-Ing. Thomas Löffler hatte jederzeit ein offenes Ohr und zog im Hintergrund die Fäden so, dass im Vordergrund alles einfach aussah. Herrn Danny Rüffert danke ich sehr für die Unterstützung bei der Planung meiner Laborstudie. Meinen Kolleginnen Svenja Scherer, Katharina Simon und Dorothea Langer danke ich für die nützlichen Hinweise, wenn mich eine

Fragestellung zur statistischen Auswertung beschäftigte. Herrn Toni Nie-
meier danke für seinen Einsatz bei der Erstellung hochwertiger Prototy-
pen-Aufnahmen. Frau Stefanie Rockstroh danke ich sehr für ihre kompro-
misslose Hilfsbereitschaft und grenzenlosen Optimismus bei der Lösung
organisatorischer Herausforderungen. Herrn Marcel Maier danke ich für
den kritischen Blick von „außen" und das wertvolle Feedback in den letzten
Zügen meiner Arbeit. Ein besonders großer Dank gilt „meinen" beiden Stu-
denten Christoph Neumann, mittlerweile ein geschätzter Kollege, und Isa-
bell Berthold für die gemeinsame Arbeit und das tolle Ergebnis am Ende
eines langen Prozesses, das ohne ihre Hilfe so nicht entstanden wäre.

Auch meinen Freunden außerhalb des Arbeitsumfeldes möchte ich an dieser Stelle danken. Frau Prof. Dr.-Ing. Dagmar Hentschel gilt mein Dank für
eine bereits viele Jahre bestehende Freundschaft und das Vertrauen in
meine Fähigkeiten als Anstoß für meinen Entschluss zu promovieren. Frau
Dr. Annerose Giewoleit danke ich für meine erste schriftliche Zielplanung,
der noch viele weitere folgen sollten. Ein besonderer Dank gilt Frau Dr.
Sabine Brunner, die mir nicht nur die Möglichkeit gibt, mich zu entfalten,
sondern auch eine liebe Freundin wurde.

Ein großer Dank gilt meiner Familie. Meinen Eltern Rosel und Thomas
Wächter danke ich für ihre Liebe und Unterstützung in allen Lebenslagen
und für das Wissen, immer ein offenes Ohr zu finden. Ebenso gebührt mein
Dank meiner Schwester Kristina Wächter, die in den letzten Jahren viele
kleine Dinge im Stillen organisiert hat und mir dabei immer ein positives
Gefühl gab. Meinem Opa Frank Wächter danke ich dafür, dass er mich
gelehrt hat niemals aufzugeben und für jede Herausforderung eine Lösung
zu finden. Er hätte mein Buch sicher gelesen und für gut befunden.

Mein größter Dank gilt Frau Sarah Böttner – für ihr bedingungsloses Vertrauen, dass alles gut wird, die vielen gemeinsamen Momente und ihr Ge-
spür, wann ich sie am meisten brauche. Ihre Unterstützung und das Wissen, angekommen zu sein, ermöglichten erst den erfolgreichen Abschluss
dieser Arbeit.

Chemnitz, im Juni 2019                                    Michael Wächter

# Kurzfassung

Infolge der zunehmenden Digitalisierung findet ein intensiver Wandlungsprozess in der Industrie statt. Aus der Vernetzung von Maschinen, Anlagen und Menschen resultiert der Bedarf an neuartigen Mensch-Maschine-Schnittstellen. Mobile Endgeräte, ursprünglich für den privaten Bereich entwickelt, halten daher verstärkt Einzug in den Produktionsbereich. Anwender dieser innovativen Technologien, z.B. Tablet-PCs, erwarten aufgrund persönlicher Erfahrungen einen hohen Bedienkomfort. Die Gestaltung solcher gebrauchstauglicher Mensch-Maschine-Schnittstellen bildet demnach eine entscheidende Grundlage für deren Akzeptanz bei zukünftigen Anwendern und beinhaltet großes Potenzial für den sicheren Umgang mit neuen Technologien. Vorhandene Produkte aus dem Konsumbereich lassen sich jedoch nicht einfach in eine industrielle Umgebung übertragen und erfordern die Berücksichtigung produktionsspezifischer Anforderungen an die Mensch-Maschine-Schnittstelle.

Eine Mensch-Maschine-Schnittstelle besteht zum einen aus der grafischen Benutzerschnittstelle (GUI), der Softwareoberfläche, und zum anderen aus der tangiblen Mensch-Maschine-Schnittstelle (tMMS) zur Interaktion mit den physischen Elementen eines Systems. Zwar existieren in der Literatur zahlreiche Vorgehensmodelle für die nutzerzentrierte Gestaltung von Mensch-Maschine-Schnittstellen, in der praktischen Anwendung erweisen sich diese allerdings häufig als nicht einsetzbar. So erfordern die eingesetzten Verfahren und Werkzeuge oftmals Expertenwissen, sind zu zeitaufwendig oder eignen sich nur für die Gestaltung von Softwareoberflächen. Vor diesem Hintergrund verlangt die Industrie zunehmend nach neuen, praxistauglichen Vorgehensweisen zur Gestaltung tangibler Mensch-Maschine-Schnittstellen.

An dieser Stelle setzt die vorliegende Dissertation an und stellt eine Engineering-Methode vor, welche die systematische Gestaltung solcher gebrauchstauglicher tMMS ermöglicht. Im Fokus stehen Assistenzsysteme im Produktionsumfeld, die Mitarbeiter bei ihren Arbeitstätigkeiten unterstützen und für deren Akzeptanz eine hohe Gebrauchstauglichkeit erforderlich ist. Die vorgeschlagene Engineering-Methode basiert auf den identifizierten Anforderungen von Planern und Entwicklern an eingesetzte Verfahren und Werkzeuge sowie bestehenden, nutzerzentrierten Vorgehensmodellen aus den Bereichen des Usability Engineering, des UX Engineering und der Methodischen Konstruktion. Eine besondere Bedeutung spielen physische Prototypen, die eine nutzerzentrierte Erhebung und Abstimmung von Anforderungen unterstützen, verschiedene Funktionsvarianten erlebbar werden lassen und zur Evaluation mit den Anwendern dienen.

Die vorgeschlagene Engineering-Methode mit den dazugehörigen Verfahren und Werkzeugen ermöglicht Planern und Entwicklern die systematische Gestaltung gebrauchstauglicher tangibler Mensch-Maschine-Schnittstellen von Produktionsassistenzsystemen. Zusätzlich eröffnen sich weiterführende Forschungsmöglichkeiten für andere Einsatzgebiete des Methoden-Modells, z.B. zur Entwicklung neuartiger Mensch-Maschine-Schnittstellen im Fahrzeug oder im Sport. In der praktischen Anwendung entsteht eine Webapplikation, die es Planern und Entwicklern ermöglicht, die Engineering-Methode bei der Gestaltung zukünftiger Produktionsassistenzsysteme zu nutzen.

# Inhaltsverzeichnis

# Abbildungsverzeichnis

# Tabellenverzeichnis

# Abkürzungsverzeichnis

| Abkürzung | Bezeichnung |
|---|---|
| BB | Musculus Biceps brachii |
| BR | Musculus Brachioradialis |
| CAD | Computer-Aided Design |
| CQH | Comfort Questionnaire for Handtools |
| DIN | Deutsches Institut für Normung |
| DSR | Design Science Research |
| EMG | Elektromyographie |
| EN | Europäische Norm |
| FCR | Musculus Flexor carpi radialis |
| FCU | Musculus Flexor carpi ulnaris |
| FPB | Musculus Flexor pollicis brevis |
| GUI | Graphical User Interface |
| IEEE | Institute of Electrical and Electronic Engineers |
| ISO | Internationale Organisation für Normung |
| MMS | Mensch-Maschine-Schnittstelle |
| MVC | Maximum Volontary Contraction |
| QUIS | Questionnaire for User Interface Satisfaction |
| RMANOVA | Varianzanalyse mit Messwiederholung |
| SE | Serienentwicklung |
| SUMI | Software Usability Measurement Inventory |
| SUS | System Usability Scale |
| tMMS | tangible Mensch-Maschine-Schnittstelle |
| TUI | Tangible User Interface |
| UX | User Experience |
| VDI | Verein Deutscher Ingenieure |

# 1 Digitalisierung der Industrie – Herausforderungen für Planer und Entwickler

## 1.1 Problemstellung und Motivation

Infolge der industriellen Digitalisierung und den einhergehenden Chancen für die Vernetzung von Maschinen, Anlagen und Menschen entstehen neue Mensch-Maschine-Schnittstellen (MMS) (Botthof und Hartmann 2015). Mobile Endgeräte stellen ein Beispiel solcher neuartigen MMS im Kontext von Industrie 4.0 dar. Ursprünglich für die Anwendung im privaten Umfeld entwickelt, geraten diese u.a. zur Multimaschinensteuerung in den Fokus der Produktion (Spath et al. 2013). Zukünftige Bediener dieser innovativen Technologien erwarten, nicht zuletzt aufgrund persönlicher Erfahrungen im privaten Umfeld, einen hohen Bedienkomfort (Schmitt et al. 2013). Eine Gestaltung solcher gebrauchstauglicher Mensch-Maschine-Schnittstellen beinhaltet demnach großes Potenzial für den sicheren Umgang und eine hohe Akzeptanz der Anwender (Bauer et al. 2014). Von der einfachen Übertragung bekannter Produkte aus dem Konsumbereich in eine industrielle Umgebung raten Gorecky et al. (2017) allerdings ab und weisen auf den Bedarf an einer Vorgehensweise zur Gestaltung fortschrittlicher, industrieller Mensch-Maschine-Schnittstellen unter Beachtung der produktionsspezifischen Anforderungen hin.

Mensch-Maschine-Schnittstellen bestehen zum einen aus einer grafischen Benutzerschnittstelle (engl.: Graphical User Interface, GUI), der Softwareoberfläche, und zum anderen aus einer tangiblen Mensch-Maschine-Schnittstelle (tMMS) zur Interaktion mit den physischen Elementen eines Systems. In Erweiterung der haptischen Bedienelemente zur Manipulation der GUI, dem „Tangible User Interface" (TUI), werden unter tMMS auch alle weiteren hardwaretechnischen Funktionselemente zur Handhabung, z.B. Griffe, gefasst (Wächter und Bullinger 2016b).

Es existieren diverse Gründe für eine mangelnde Gebrauchstauglichkeit von Mensch-Maschine-Schnittstellen, die einerseits auf verwendete Technologien und andererseits auf den vorherrschenden Kostendruck zurück-

© Springer Fachmedien Wiesbaden GmbH, ein Teil von Springer Nature 2019
M. Wächter, *Gestaltung tangibler Mensch-Maschine-Schnittstellen*,
Gestaltung hybrider Mensch-Maschine-Systeme/Designing Hybrid Societies,
https://doi.org/10.1007/978-3-658-27666-9_1

zuführen sind. Die meisten Probleme bei der Gestaltung gebrauchstauglicher Mensch-Maschine-Schnittstellen resultieren jedoch aus mangelndem Verständnis von Gestaltungsprinzipien und den Anforderungen der Nutzer. Ingenieure unterschätzen oftmals die komplexen Zusammenhänge der Anwendungsumgebung und setzen die eigenen Denkmuster bei den Anwendern voraus. Die daraus resultierenden Missverständnisse und fehlende Berücksichtigung der Nutzeranforderungen führen zu Mängeln an der Mensch-Maschine-Schnittstelle (Norman 2013).

In der Literatur zum Usability-Engineering existieren zahlreiche Gestaltungsempfehlungen für gebrauchstaugliche Softwareoberflächen. Zwar lassen sich einige Gestaltungrichtlinien zur Entwicklung von TUI im stationären Einsatz (Bullinger et al. 2013; DIN EN 894-3) finden, Hinweise für eine gebrauchstaugliche tMMS mobiler Endgeräte und deren abweichenden Anforderungen (VDI 3850) fehlen jedoch. Zudem bestehen in der praktischen Anwendung nutzerzentrierter Vorgehensmodelle, auf Grund mangelnder Anwendbarkeit, oftmals Abweichungen zur Theorie (Gulliksen et al. 2006; van Kuijk et al. 2015; Norman 2013). So sind bewährte Usability-Verfahren oft zeitaufwendig und erfordern viel Erfahrung oder erweisen sich im aktuellen Zusammenhang als nicht einsetzbar (van Kuijk et al. 2015). Nur wenige der bestehenden Vorgehensmodelle scheinen in der praktischen Umsetzung anwendbar zu sein, weshalb die Industrie zunehmend nach neuen, praxistauglicheren Vorgehensweisen verlangt (Hoolhorst und van der Voort, M. C. 2009; Abramovici und Herzog 2016).

An diesem Punkt setzt die vorliegende Arbeit an: Um eine möglichst hohe Gebrauchstauglichkeit zukünftig entwickelter Assistenzsysteme in der Produktion – und damit auch deren Nutzung durch die Anwender – zu gewährleisten, wird eine Engineering-Methode für Planer und Entwickler solcher Systeme entwickelt, die eine Gestaltung gebrauchstauglicher tMMS methodisch unterstützt. Dabei werden sowohl die grundlegenden Eigenschaften nutzerzentrierter Vorgehensmodelle als auch die Anforderungen aus der betrieblichen Anwendungsdomäne bei der Wahl eingesetzter Verfahren und Werkzeuge berücksichtigt.

## 1.2 Gestaltungsziel und Forschungsfragen

Für die Erstellung einer Engineering-Methode mit Verfahren und Werkzeugen zur Gestaltung gebrauchstauglicher tangibler Mensch-Maschine-Schnittstellen von Assistenzsystemen in der Produktion liegen folgende Annahmen zu Grunde:

- Bei den mit Hilfe der Engineering-Methode zu erstellenden Prototypen handelt es sich ausschließlich um Bestandteile der tangiblen Mensch-Maschine-Schnittstelle, die zur Handhabung des Assistenzsystems und/oder der Bedienung einer Softwareoberfläche notwendig sind.

- Die Engineering-Methode zur Gestaltung von gebrauchstauglichen tangiblen MMS ist für die Anwendung durch Mitarbeiter der Planung und Entwicklung von Produktionsassistenzsystemen mit ingenieurwissenschaftlicher Vorbildung konzipiert. Das bedeutet konkret, dass diese Mitarbeiter mit der Gestaltung von Produkten vertraut sind und einfache Konstruktionsaufgaben lösen können.

Im Zentrum der Dissertation stehen demnach die Forschungsrichtungen der Produktergonomie, des Usability Engineering, des System Engineering, des Interaction Design, des User-Centered-Design, Human-Computer-Interaction sowie des (Rapid) Prototyping. Die verwendeten Inhalte aus diesen Disziplinen werden während der Entwicklung der Engineering-Methode an die Anforderungen der Planer und Entwickler von Produktionsassistenzsystemen angepasst.

Gebrauchstauglichkeit definiert sich nach DIN EN ISO 9241-11 (2017) als:

> „Ausmaß, in dem ein System, ein Produkt oder eine Dienstleistung durch bestimmte Benutzer in einem bestimmten Nutzungskontext genutzt werden können, um festgelegte Ziele effektiv, effizient und zufriedenstellend zu erreichen ... und kann, sofern sie unter dem Blickwinkel der persönlichen Ziele des Benutzers interpretiert wird, die Art der typischerweise mit der User Experience verbundenen Wahrnehmungen und emotionalen Aspekte umfassen."

User Experience stellt ein ganzheitliches Konzept dar, das die subjektive Wahrnehmung eines Produktes vor, während und nach der Interaktion beschreibt und verschiedene Dimensionen wie Usability, Ästhetik, Emotionen oder Motivation hinsichtlich der Nutzung oder Wiederverwendung eines Produktes vereint (Minge et al. 2017)

Die folgenden drei forschungsleitenden Fragestellungen stellen die zentralen Aspekte der Gestaltung einer Engineering-Methode für Planer und Entwickler von Produktionsassistenzsystemen dar. Die Forschungsfragen bauen aufeinander auf und erfassen zunächst systematisch die domänenspezifischen Anforderungen der Anwender von nutzerzentrierten Vorgehensweisen. Darauf aufbauend werden die Gestaltungselemente einer Engineering-Methode identifiziert und, basierend auf bestehendem Wissen, mit geeigneten Verfahren und Werkzeugen zur Gestaltung und Evaluation tangibler Mensch-Maschine-Schnittstellen untersetzt. Final wird die Eignung der Engineering-Methode evaluiert und Implikationen für die Wissenschaft abgeleitet. Die erste forschungsleitende Fragestellung lautet demnach:

1.  **Welche Anforderungen an eine nutzerzentrierte Engineering-Methode existieren seitens der Anwender von nutzerzentrierten Vorgehensmodellen in der betrieblichen Praxis?**

Im ersten Schritt wird, aufbauend auf einer strukturierten Literaturanalyse, der aktuelle Stand der Wissenschaft zu nutzerzentrierten Vorgehensmodellen untersucht. Anschließend erfolgt eine domänenspezifische Analyse in der betrieblichen Praxis hinsichtlich der Anforderungen an nutzerzentrierte Vorgehensmodelle sowie darin eingesetzte Verfahren und Werkzeuge zur Gestaltung tangibler MMS. Darauf aufbauend werden die bestehenden Konzepte mit den erhobenen Anforderungen gegenübergestellt. Dieser Ansatz berücksichtigt die Besonderheiten der Anwendungsdomäne Produktion und führt zur zweiten forschungsleitenden Fragestellung:

2. **Welche Grundstruktur, Verfahren und Werkzeuge sollte eine Engineering-Methode zur Gestaltung und Evaluation gebrauchstauglicher tangibler Mensch-Maschine-Schnittstellen umfassen?**

Kern der zweiten Forschungsfrage ist die Entwicklung einer nutzerzentrierten Engineering-Methode, die den domänenspezifischen Anforderungen der Planer und Entwickler aus dem Produktionsbereich sowie deren Umsetzung in der Evaluationsdomäne Instandhaltung gerecht wird. Dazu werden die Basiselemente einer nutzerzentrierten Gestaltung abgeleitet und anschließend Verfahren und Werkzeuge aus der Produktergonomie, des Usability Engineering, des System Engineering, des Interaction Design, des User-Centered-Design, der Human-Computer-Interaction sowie des (Rapid) Prototyping zu einer Engineering-Methode zusammengestellt. Diese wird schließlich am Beispiel der Gestaltung eines mobilen Assistenzsystems für Instandhalter angewendet. Dazu werden im ersten Schritt domänenspezifische Anforderungen an das mobile Assistenzsystem erhoben, im weiteren Verlauf iterativ bis zu einem funktionstüchtigen Prototyp umgesetzt und mit Anwendern hinsichtlich dessen Gebrauchstauglichkeit bewertet. Die Bewertung der hier resultierenden Ergebnisse und die Ableitung von wissenschaftlich relevanten Erkenntnissen erfolgt durch die dritte forschungsleitende Fragestellung:

3. **Welche Implikationen in Bezug auf die Weiterentwicklung, Einführung und Nutzung der Engineering-Methode ergeben sich aus deren Einsatz in der Instandhaltungsdomäne?**

Das im Rahmen der vorangegangenen Forschungsfragen iterativ erstellte und angepasste Methoden-Modell wird abschließend hinsichtlich der Eignung als Engineering Prozess evaluiert. Diese Evaluation erfolgt mit dem Fokus auf die Anforderungen der späteren Nutzer, die sowohl über Domänenwissen verfügen, als auch die fachliche Qualifikation zur Nutzung der Verfahren und Werkzeuge aufweisen. Die resultierenden Implikationen dienen zur Weiterentwicklung des Vorgehensmodells, der eingesetzten

Verfahren und Werkzeuge im Engineering-Prozess sowie zur möglichen späteren Umsetzung in einem Unternehmen.

Die Beiträge der vorliegenden Arbeit zu Wissenschaft ergeben sich aus der Beantwortung der drei forschungsleitenden Fragestellungen. So resultieren zum einen die Anforderungen an eine nutzerzentrierte Engineering-Methode von Planern und Entwicklern aus der betrieblichen Praxis. Zum anderen entsteht, aufbauend auf den identifizierten Anforderungen, ein Methoden-Modell zur Gestaltung gebrauchstauglicher tangibler Mensch-Maschine-Schnittstellen. Aus der praktischen Erprobung der Engineering-Methode in der Instandhaltungsdomäne resultieren schließlich Implikationen für die Weiterentwicklung und den zukünftigen Einsatz in der Produktionsdomäne.

Die Beiträge der vorliegenden Arbeit für die Praxis ergeben sich aus der Anwendung der Engineering-Methode in der Instandhaltungsdomäne. Zum einen resultiert als praxistaugliche Vorgehensweise zur Gestaltung gebrauchstauglicher tangibler Mensch-Maschine-Schnittstellen in Form einer Engineering-Methode für Planer und Entwickler. Zum anderen werden im Zuge der Erprobung die Anforderungen von Instandhaltern an die tangible Mensch-Maschine-Schnittstelle für ein mobiles Assistenzsystem erarbeitet und drauf aufbauend ein gebrauchstaugliches Funktionsmodell gestaltet.

## 1.3   Forschungsablauf und Dissertationsstruktur

Im ersten Schritt erfolgt die Beschreibung des forschungsmethodischen Designs in Kapitel 2. Basierend auf den zu Beginn beschriebenen Forschungszielen werden die Grundlagen der gestaltungsorientierten Vorgehensweise erläutert und am Beispiel der vorliegenden Arbeit expliziert. Hierfür werden die verwendeten methodischen Grundlagen zur Erreichung der Forschungsziele beschrieben.

In Kapitel 3 werden, auf Basis einer strukturierten Literaturanalyse, die Anforderungen an eine nutzerzentrierte Gestaltung in der Produktentwicklung erarbeitet. Darauf aufbauend werden die Bedarfe aus der betrieblichen Praxis an derartige Vorgehensmodelle untersucht und die methodischen

Besonderheiten der Gestaltung einer tangiblen Mensch-Maschine-Schnitt-stelle identifiziert. Abschließend erfolgt ein Vergleich bestehender nutzer-zentrierte Vorgehensmodelle aus der Literatur mit den erhobenen Anfor-derungen.

Basierend auf diesen Erkenntnissen wird in Kapitel 4 iterativ eine Engine-ering-Methode zur nutzerzentrierten Gestaltung gebrauchstauglicher tan-gibler Mensch-Maschine-Schnittstellen entwickelt. Dabei gelten die allge-meinen Kriterien bestehender nutzerzentrierter Vorgehensmodelle als Grundlage für die Basiselemente der Vorgehensweise. Diese werden an-schließend mit Verfahren und Werkzeugen zur Gestaltung und Evaluation von tangiblen MMS aus der Literatur untersetzt und in eine praxistaugliche Engineering-Methode überführt.

In Kapitel 5 erfolgt die Erprobung der entwickelten Engineering-Methode am Beispiel der Gestaltung eines mobilen Assistenzsystems für Instand-halter. Dazu werden alle Phasen des Methoden-Modells durchlaufen und iterativ auf dessen praxistaugliche Anwendbarkeit hinsichtlich der erhobe-nen Anforderungen bewertet. Bei der Evaluation dienen – neben der Über-prüfung der Gebrauchstauglichkeit der gestalteten tMMS – vier Evaluati-onsphasen zur abschließenden Überprüfung der Engineering-Methode.

Das abschließende Kapitel 6 fasst die gewonnen Erkenntnisse der vorlie-genden Arbeit zusammen und gibt einen Ausblick auf den weiteren For-schungsbedarf und die erweiterten Anwendungsmöglichkeiten für die Pra-xis. Abbildung 1 verdeutlicht den Aufbau und Ablauf der vorliegenden Dis-sertation anhand der zentralen Aspekte der einzelnen Kapitel.

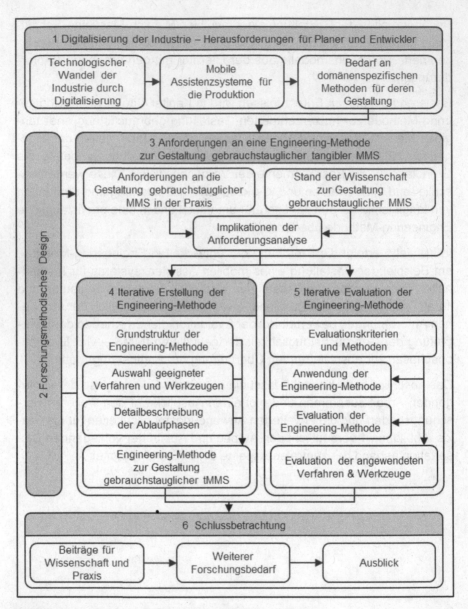

**Abbildung 1:　Aufbau und Ablauf der vorliegenden Arbeit**
*Quelle:*　　　*eigene Darstellung*

# 2 Forschungsmethodisches Design

## 2.1 Zielsetzung und Aufbau des Kapitels

Die vorliegende Arbeit verfolgt das Ziel, die wissenschaftliche Gemeinschaft und produzierende Unternehmen über die Forschungsergebnisse zu den im ersten Kapitel aufgezeigten Herausforderungen zu informieren. Um ein intersubjektiv nachvollziehbares Vorgehen bei der Beantwortung der Forschungsfragen zu gewährleisten, existieren - abhängig von der wissenschaftlichen Disziplin – verschiedene Forschungsdesigns und Forschungsmethoden zur Orientierung für Forscher (Bortz und Döring 2016).

Zur Beschreibung des forschungsmethodischen Designs der vorliegenden Arbeit gliedert sich das Kapitel in drei Teile. Anhand der forschungsleitenden Fragestellungen aus dem ersten Kapitel erfolgt zunächst die Darstellung der verfolgten Forschungsziele. Anschließend werden die Grundlagen der gestaltungsorientierten Forschung – als Ausgangpunkt für die methodische Vorgehensweise dieser Arbeit – erläutert. Aufbauend auf dem Vorgehensmodell von Vaishnavi und Kuechler (2015) und dem Rahmenkonzept zur gestaltungsorientierten Forschung nach Hevner et al. (2004) wird im dritten Teil dieses Kapitels das methodische Rahmenkonzept der vorliegenden Arbeit expliziert.

## 2.2 Verfolgte Forschungsziele

Die Forschungsziele der vorliegenden Dissertation resultieren aus den Ergebnissen der forschungsleitenden Fragestellungen in Kapitel 1.2. In der gestaltungsorientierten Forschung lassen sich diese Ziele in Erkenntnis- und Gestaltungsziele unterteilen (Becker et al. 2009). Hierbei generieren Erkenntnisziele ein umfangreiches Verständnis in einer Anwendungsdomäne, identifizieren praxisbezogene Problemstellungen und darauf aufbauende Forschungslücken. Gestaltungsziele hingegen verfolgen die Entwicklung lösungsorientierter Artefakte einer Problemstellung in der Realwelt (Hevner et al. 2004; Becker et al. 2009). Die folgenden Abschnitte zeigen, abgeleitet aus den aufgezeigten Forschungsfragen, die verfolgten Forschungsziele und verorten diese in der entsprechenden Kategorie.

© Springer Fachmedien Wiesbaden GmbH, ein Teil von Springer Nature 2019
M. Wächter, *Gestaltung tangibler Mensch-Maschine-Schnittstellen*,
Gestaltung hybrider Mensch-Maschine-Systeme/Designing Hybrid Societies,
https://doi.org/10.1007/978-3-658-27666-9_2

Der ersten Forschungsfrage – nach den Anforderungen der Anwender an nutzerzentrierte Vorgehensmodelle sowie bereitgestellte Verfahren und Werkzeuge – liegen zwei Erkenntnisziele zugrunde. Ein Ziel besteht darin, ein umfassendes Verständnis für den Bedarf an praxistauglichen Vorgehensmodellen zu erlangen. Zusätzlich werden die methodischen Anforderungen an die Gestaltung einer nutzerzentrierten Engineering-Methode berücksichtigt. Ein Vergleich vorhandener Vorgehensmodelle in der Literatur mit den gewonnenen Erkenntnissen aus der Anwendungsdomäne identifiziert die vorhandene Forschungslücke hinsichtlich einer fehlenden Engineering-Methode für die Gestaltung gebrauchstauglicher tangibler Mensch-Maschine-Schnittstellen und bildet die Basis der zweiten Forschungsfrage.

Hinter der zweiten Forschungsfrage – nach den Elementen, Verfahren und Werkzeugen einer Engineering-Methode – steht das Gestaltungsziel, ein Methoden-Modell zur Gestaltung und Evaluation tangibler Mensch-Maschine-Schnittstellen zu entwickeln, welches den domänenspezifischen und methodischen Anforderungen an eine praxistaugliche Anwendbarkeit als Ergebnis der ersten Forschungsfrage gerecht wird.

Die dritte und letzte Forschungsfrage verfolgt die Evaluation der Engineering-Methode durch deren Anwendung in einer Anwendungsdomäne und überprüft, inwiefern das Gestaltungsziel erreicht wird. Das Erkenntnisziel, ob sich die entwickelte Engineering-Methode für die Gestaltung und Evaluation gebrauchstauglicher tangibler Mensch-Maschine-Schnittstellen eignet, steht hierbei im Vordergrund.

## 2.3 Grundlagen der Gestaltungsorientierten Forschung

Die Wurzeln der gestaltungsorientierten Forschung (engl. Design Science Research) liegen im Maschinenbau und unterscheiden sich von den Naturwissenschaften. Während die verhaltenswissenschaftliche Forschung als Teil der Naturwissenschaft das Verhalten von Objekten und Phänomenen der realen Welt beschreibt und deren Interaktionen untereinander analysiert, bilden in der gestaltungsorientierte Forschung künstlich durch den Menschen geschaffene Dinge –sogenannte Artefakte – den zentralen Forschungsgegenstand (Hevner et al. 2004; March und Smith 1995; Simon

1996). Die Gestaltung von künstlichen Artefakten verfolgt das Ziel, Problemstellungen der realen Welt durch neue Ideen, Praktiken, technische Fähigkeiten oder Produkte zu lösen (Hevner et al. 2004; March und Smith 1995).

Für die problemlösungsorientierte Entwicklung von Artefakten im Bereich der Mensch-Maschine-Schnittstelle (MMS) verspricht das gestaltungsorientierte Vorgehensweise kombiniert mit verhaltenswissenschaftlichen Verfahren und Werkzeugen ein sich ergänzendes Forschungsdesign. Die Verfahren und Werkzeuge der Verhaltenswissenschaft helfen das Problem zu verstehen und zu analysieren, während die gestaltungsorientierte Vorgehensweise eine Lösung generiert (Adikari et al. 2009).

Im Gegensatz zur empirischen und sozialwissenschaftlichen Forschung (vgl. Bortz und Döring 2016) existiert aktuell kein allgemein akzeptiertes Vorgehen für eine stringente Durchführung gestaltungsorientierter Forschung. Eine vergleichende Analyse der in der Literatur verfügbaren Vorgehensmodelle in Tabelle 1 zeigt deren vielfältigen Ausprägungen hinsichtlich der acht identifizierten Kernelemente Problemidentifikation, Definition der Zielstellung, Anforderungsanalyse, Artefakt-Gestaltung, Demonstration, Artefakt-Evaluation, Kommunikation und Implementierung.

**Tabelle 1:**     Vergleich bestehender Vorgehensmodelle der gestaltungsorientierten
Forschung
*Quelle:*          *Wächter und Bullinger (2016b)*

| Gemeinsame Elemente im Design-Prozess / Autor(en) | Problemidentifikation | Definition Zielstellung | Anforderungsanalyse | Artefakt-Gestaltung | Demonstration | Artefakt-Evaluation | Kommunikation | Implementierung |
|---|---|---|---|---|---|---|---|---|
| Takeda et al. (1990); Kuechler und Vaishnavi (2012) | ● | ○ | ● | ● | ○ | ● | ○ | ○ |
| Nunamaker et al. (1990) | ● | ○ | ● | ● | ● | ● | ○ | ○ |
| Walls et al. (1992; 2004) | ● | ● | ○ | ● | ○ | ● | ○ | ○ |
| Hevner et al. (2004) | ● | ● | ○ | ● | ○ | ● | ● | ○ |
| Peffers et al. (2006; 2007); | ● | ● | ● | ● | ● | ● | ● | ○ |
| Venable (2006) | ● | ○ | ○ | ● | ○ | ● | ○ | ○ |
| Gregor und Jones (2007) | ● | ● | ○ | ● | ○ | ● | ○ | ● |
| Baskerville (2009) | ● | ● | ● | ● | ● | ● | ○ | ● |
| Österle und Otto (2010) | ● | ● | ● | ● | ● | ● | ● | ○ |
| Carlsson (2011) | ● | ● | ● | ● | ○ | ● | ○ | ○ |
| Piirainen und Briggs (2011) | ● | ● | ○ | ● | ○ | ● | ● | ● |
| Sein et al. (2011) | ● | ● | ● | ● | ● | ● | ○ | ○ |
| Ostrowski et al. (2012) | ● | ● | ● | ● | ● | ● | ● | ○ |
| Weber et al. (2012) | ● | ● | ● | ● | ● | ● | ● | ○ |

**Legende:**     ● enthalten     ○ nicht enthalten

Im Vergleich der verschiedenen Vorgehensmodelle lässt sich eine grundlegende Struktur für den gestaltungsorientierten Forschungsansatz ableiten. Vor dem Hintergrund des problemlösungsorientierten Ansatzes der gestaltungsorientierten Forschung ergibt sich im ersten Schritt die Identifikation einer Problemstellung. Durch die Analyse der Rahmenbedingungen und weiterer Einflussfaktoren entsteht ein hinreichender Erkenntnisgewinn für die Gestaltung eines Lösungsvorschlages. Nach Abgleich der Zielstellung mit dem eigentlichen Problem erfolgt die Gestaltung der einzelnen Funktionen des Artefaktes für deren Erreichung. Anschließend wird das Artefakt gemäß Lösungsvorschlag in der Anwendungsdomäne instanziiert und hinsichtlich der festgelegten Zielstellung evaluiert. Dieser Vorgang kann ausgehend vom Evaluationsergebnis iterativ wiederholt werden, um eine verbesserte Gestaltung des Artefaktes zu erzielen. Die Aufarbeitung und Dokumentation der Ergebnisse bilden das Ende des Forschungsprozesses, wobei die entstandenen Artefakte innerhalb der Anwendungsdomäne weiterentwickelt und genutzt werden können, sofern diese zu einer konkreten Problemlösung beitragen. Vaishnavi und Kuechler (2015) beschreiben dieses grundlegende Vorgehensmodell gestaltungsorientierter Forschung, dargestellt in Abbildung 2.

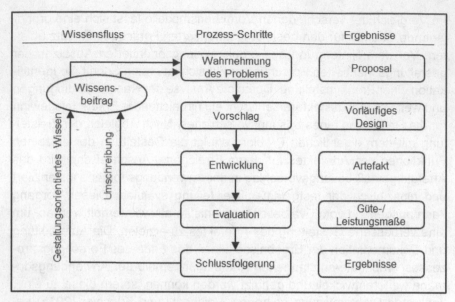

**Abbildung 2:   Vorgehensmodell der gestaltungsorientierten Forschung nach**
**                Vaishnavi und Kuechler**
*Quelle:         angelehnt an Vaishnavi und Kuechler (2015)*

## 2.4  Explikation des verwendeten Rahmenkonzeptes

Das folgende Kapitel beschreibt das verwendete methodische Rahmenkonzept nach Hevner et al. (2004) und ordnet die Rahmenbedingungen
und äußeren Einflussfaktoren ein. Abschließend werden anhand des Vorgehensmodells von Vaishnavi und Kuechler (2015) die gewünschten Ergebnisse im Kontext der verfolgten Forschungsziele dargestellt.

Der Forschungsrahmen von Design Science Research nach Hevner et al.
(2004) ist auf den Forschungsbereich Information Systems ausgerichtet
und besteht aus den drei Bereichen Design-Forschung, Umgebung der
Forschung sowie deren verwendbare Wissensbasis (Abbildung 3).

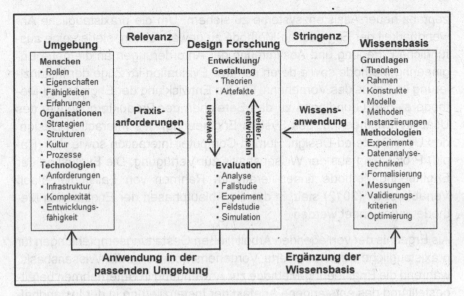

**Abbildung 3:** **Rahmenkonzept der gestaltungsorientierten Forschung nach Hevner**
*Quelle:* *angelehnt an Hevner et al. (2004)*

Hierbei definiert die Umgebung der Forschung den Umfang der Problemstellung und beinhaltet organisatorische, technologische und humane Anforderungen aus der Praxis. Infolge der Anwendung des vorhandenen Wissens aus der Wissensbasis erfolgt eine stringente Problemlösung durch die Entwicklung und Evaluation von Artefakten, welche die identifizierten Praxisanforderungen erfüllen. Die Wissensbasis umfasst alle relevanten theoretischen Grundlagen, einschließlich der Forschungsmethoden und vorhandenen Theorien. Nach erfolgreicher Gestaltung eines Artefaktes zur Lösung der aufgezeigten Problemstellung, finden die Ergebnisse Anwendung in der dafür vorgesehenen Umgebung und erweitern gleichzeitig die Wissensbasis.

Die vorliegende Arbeit verfolgt die primäre Zielstellung eine Engineering-Methode zu entwickeln, die es Planern und Entwicklern von Assistenzsystemen für Werker in der Produktion ermöglicht, gebrauchstaugliche tangible Mensch-Maschine-Schnittstellen zu gestalten und dadurch die Ak-

zeptanz neuer Assistenzsysteme zu sichern. Um die praxistaugliche Anwendbarkeit der Engineering-Methode zu gewährleisten, stehen eine ausführliche Erhebung und Abstimmung der Anforderungen an die neue Engineering-Methode sowie deren iterative Evaluation im Zuge der Instanziierung im Fokus des Vorgehens. Für die Entwicklung der Engineering-Methode stehen Grundlagen zu den Bereichen der Produktergonomie, des
Usability Engineering, des System Engineering, des Interaction Design,
des User-Centered-Design, Human-Computer-Interaction sowie des (Rapid) Prototyping aus der Wissensbasis zur Verfügung. Die Evaluation der
Engineering-Methode findet iterativ im Rahmen von Fallstudien nach
Venable et al. (2012) statt, in der die Ablaufphasen der Engineering-Methode angewendet werden.

Als Ergebnis der vorliegenden Arbeit fließen Gestaltungsempfehlungen für
praxistaugliche nutzerzentrierte Vorgehensmodelle in die Wissensbasis,
während die Engineering-Methode zur Anwendung in Unternehmen bereitgestellt und das entstandene Artefakt der Instanziierung in der Instandhaltung bis zur Serienreife weiterentwickelt wird. Abbildung 4 zeigt die inhaltliche Ausgestaltung der Säulen im Rahmenkonzept nach Hevner et al.
(2004).

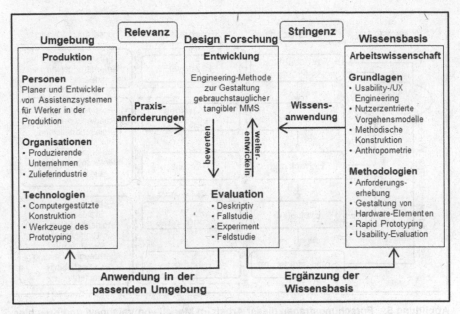

**Abbildung 4:    Ausprägung der einzelnen Säulen im Rahmenkonzept**
*Quelle:          angelehnt an Hevner et al. (2004)*

Das Vorgehen im Rahmen dieser Arbeit ist angelehnt an das Vorgehensmodell von Vaishnavi und Kuechler (2015). Die erste Forschungsfrage be-
handelt durch die Anforderungsanalyse in der Anwendungsdomäne die
Wahrnehmung des Problems bzw. den Bedarf. Darauf aufbauend setzt die
zweite Forschungsfrage mit der iterativen Gestaltung der Engineering-Methode den Vorschlag zur Lösung der Problemstellung und die Entwicklung
des zentralen Artefaktes um. Die abschließende dritte Forschungsfrage
evaluiert die Eignung der Engineering-Methode, fasst die entstandenen Ergebnisse zusammen und leitet entsprechende Empfehlungen für die zukünftige Verfahrensweise in Forschung und Praxis ab. Abbildung 5 ordnet
die Forschungsfragen den vorgestellten Prozessschritten von Vaishnavi
und Kuechler (2015) zu.

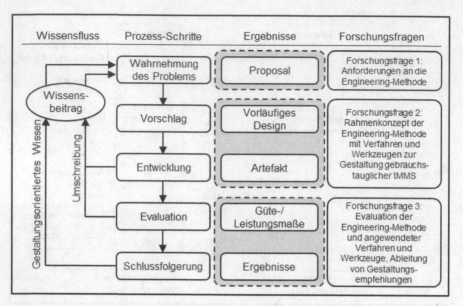

**Abbildung 5:**   **Forschungsfragen dieser Arbeit im Modell von Vaishnavi und Kuechler**
*Quelle:*                   *angelehnt an Vaishnavi und Kuechler (2015) in Hoffmann (2010)*

## 2.5  Zusammenfassung und Implikationen des Forschungsdesigns

Das verwendete Forschungsdesign orientiert sich am Rahmenkonzept der gestaltungsorientierten Forschung nach Hevner et al. (2004). Hierfür wird im Rahmen der vorliegenden Arbeit das methodische Vorgehensmodell von Vaishnavi und Kuechler (2015) verwendet, um die forschungsleitenden Fragestellungen aus Kapitel 1.2 zu beantworten. Dabei erfolgt die systematische Lösungsfindung für eine praxisrelevante Problemstellung – hier der Bedarf einer praxistauglichen Vorgehensweise zur nutzerzentrierten Gestaltung gebrauchstauglicher tangibler Mensch-Maschine-Schnittstellen –durch die iterative und wissenschaftlich stringente Gestaltung und Evaluation von Artefakten.

Artefakte stellen einen zentralen Wissensbeitrag der gestaltungsorientierten Forschung dar und lassen sich in Abhängigkeit ihres Abstraktionsgrades in Design-Theorien, Design-Wissen und Umsetzung von Artefakten unterscheiden (Gregor und Hevner 2013). Abbildung 6 verdeutlicht die verschiedenen Arten an Wissensbeiträgen in der gestaltungsorientierten Forschung.

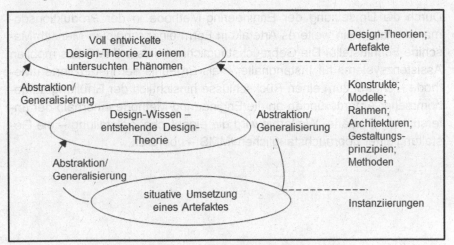

**Abbildung 6:**  **Beiträge in der gestaltungsorientierten Forschung**
*Quelle:*          *in Anlehnung an Vaishnavi und Kuechler (2015)*

Im Rahmen der vorliegenden Arbeit entstehen Artefakte auf verschiedenen Abstraktionsebenen. Mit der Engineering-Methode zur Gestaltung gebrauchstauglicher tMMS resultiert eine Methode als Artefakt auf der Ebene Design-Wissen, die einerseits die Wissensbasis erweitert und andererseits versucht, den identifizierten Bedarf der erforschten Umgebung zu bedienen. Aus der anschließenden Anwendung der Engineering-Methode in der Anwendungsdomäne Instandhaltung folgt ein weiteres Artefakt auf Umsetzungsebene – die Instanziierung der Methode. Dadurch entstehen Wissensbeiträge auf beiden Ebenen.

Auf der Ebene Design-Wissen entsteht, aufbauend auf den erhobenen Anforderungen der Anwender von nutzerzentrierten Vorgehensmodellen in der Praxis, eine Methoden-Modell zur Gestaltung gebrauchstauglicher tangibler Mensch-Maschine-Schnittstellen. Zusätzlich resultieren aus der Instanziierung der Engineering-Methode Erkenntnisse hinsichtlich praxistauglichen Anwendbarkeit und der Wirksamkeit der eingesetzten Verfahren und Werkzeuge.

Durch die Umsetzung der Engineering-Methode in der Produktionsdomäne entsteht ein weiteres Artefakt in Form einer tangiblen Mensch-Maschine-Schnittstelle. Die Gebrauchstauglichkeit dieser tMMS des mobilen Assistenzsystems für Instandhalter – als Ergebnis der instanziierten Methode – erlaubt zum einen Rückschlüsse hinsichtlich der Erfüllung aufgenommener Anforderungen an die Engineering-Methode innerhalb der untersuchten Domäne. Weiterhin wird die eigentliche Zielstellung – die Gestaltung einer gebrauchstauglichen tMMS – überprüft.

# 3 Anforderungen an eine Engineering-Methode zur Gestaltung gebrauchstauglicher tangibler MMS

## 3.1 Zweck der Anforderungsbestimmung und Aufbau des Kapitels

Ein Artefakt der gestaltungsorientierten Forschung, im vorliegenden Fall die Engineering-Methode für Planer und Entwickler, lässt sich dabei als erfolgreich umgesetzt betrachten, wenn es die vorher definierten Anforderungen erfüllt. Dabei sind die Anforderungen der Anwendungsdomäne, d.h. von Planern und Entwicklern im Produktionsumfeld, und der Lösungsdomäne – z.B. durch Einschränkungen bestehender Lösungen – zu berücksichtigen (Hevner et al. 2004).

Ziel der folgenden Kapitel ist daher die Analyse und Dokumentation der Anforderungen an eine Engineering-Methode zur Gestaltung gebrauchstauglicher tangibler Mensch-Maschine-Schnittstellen. Die Integration der Nutzer bei der Gestaltung gebrauchstauglicher Systeme ist hierbei von grundlegender Bedeutung (Eshet und Bouwman 2017). Eine nutzerzentrierte Vorgehensweise bildet daher den Ausgangspunkt der Betrachtung.

Um die Anforderungen an eine Engineering-Methode zur Gestaltung gebrauchstauglicher tMMS zu erfassen, erfolgt im ersten Schritt ein strukturiertes Literatur-Review als Grundlage für die weiterführende Auswertung der vorhandenen Wissensbasis. Darauf aufbauend werden die Anforderungen der Forschungsumgebung – der Anwender von nutzerzentrierten Entwicklungsprozessen in der betrieblichen Praxis – analysiert. Diese lassen sich in Anforderungen an nutzerzentrierte Vorgehensmodelle, allgemeine Anforderungen an eingesetzte Verfahren und Werkzeuge sowie spezifische Anforderungen an die Gestaltung tangibler MMS unterscheiden. Darauf folgend werden die Aspekte und bestehende Vorgehensmodelle einer nutzerzentrierten Gestaltung aus der Wissensbasis vorgestellt, um den Status quo zu beschreiben. Abschließend werden die gewonnenen Erkenntnisse zusammengefasst, die erhobenen Anforderungen der Anwender den identifizierten Vorgehensmodellen gegenübergestellt und der resultierende Forschungsbedarf abgeleitet.

© Springer Fachmedien Wiesbaden GmbH, ein Teil von Springer Nature 2019
M. Wächter, *Gestaltung tangibler Mensch-Maschine-Schnittstellen*,
Gestaltung hybrider Mensch-Maschine-Systeme/Designing Hybrid Societies,
https://doi.org/10.1007/978-3-658-27666-9_3

Dieses Vorgehen dokumentiert die analytische Erarbeitung der Anforderungen und zeigt die Stringenz des Forschungsprozesses der vorliegenden Arbeit in den Phasen der Problemanalyse sowie Ableitung der Gestaltungsempfehlungen.

## 3.2 Strukturiertes Literatur-Review zum Stand der Wissenschaft

Mit Hilfe eines strukturierten Literatur-Review lässt sich relevante Literatur zu einem Themenfeld nachvollziehbar sowie dokumentiert erschließen und es besteht die Möglichkeit, Schwerpunkte für Forschungsarbeiten zu identifizieren (Creswell 2009). Durch selektieren, kategorisieren und logischen verknüpfen von wissenschaftlichen Zeitschriften-, Konferenz- und Buchbeiträgen (Jaidka et al. 2013) werden führende Theorien, Forschungsmethoden sowie theoretische Konzepte herausgearbeitet und neue Forschungsfragen ableitet (Ridley 2008). Zur Sicherstellung qualitativ hochwertiger Literatur, empfehlen Rowley und Slack (2004) die Nutzung akademischer Quellen, insbesondere wissenschaftliche Datenbanken. Dabei stehen Veröffentlichungen mit doppeltblindem Peer-Review-Verfahren im Fokus des Literatur-Reviews. Die Literaturstudie sollte zudem nachvollziehbar gestaltet und beschrieben sein, da deren Güte wesentlich durch den Rechercheprozess beeinflusst wird (vom Brocke et al. 2009).

Aufbauend auf einem allgemeinen Vorgehensmodell für ein strukturiertes Literatur-Review erläutern die nachstehenden Abschnitte dessen Durchführung zum Untersuchungsgegenstand gebrauchstauglicher tangibler Mensch-Maschine-Schnittstellen.

### 3.2.1 Allgemeines Vorgehensmodell für ein strukturiertes Literatur-Review

Das Vorgehensmodell für ein strukturiertes Literatur-Review besteht aus 12 Schritten, verteilt auf die vier Phasen Festlegung der Suchstrategie, Abgrenzung des Suchfeldes, Auswahl und Kategorisierung sowie Finalisierung der Datengrundlage (Abbildung 7).

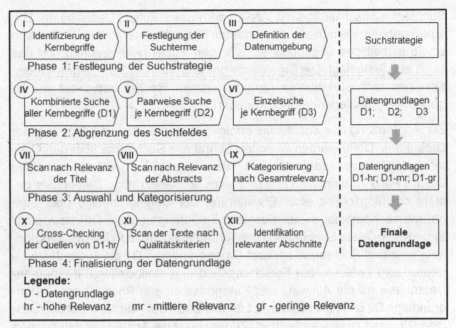

**Abbildung 7: Phasen des strukturierten Literatur-Review**
*Quelle:*      *eigene Darstellung*

Zur *Festlegung der Suchstrategie* erfolgt zunächst die Identifizierung der Kernbegriffe für das zu untersuchende Themenfeld. Hierfür stellen die Kernfragen „was?", „wie?" und „wofür?" drei grundlegende Suchebenen dar. Aus der Beantwortung dieser Fragen ergeben sich die Kernthemen des Forschungsvorhabens und in iterativer Abstimmung mit Experten zum Forschungsfeld relevante Synonyme, Ober-, Unter- und verwandte Begriffe in deutscher und englischer Sprache. Für die Festlegung der Suchterme stehen in den wissenschaftlichen Datenbanken verschiedene Operatoren, z.B. „AND" und „OR" sowie „?" und „*", zur Verfügung. Mit deren Hilfe können einzelne Begriffe verknüpft, ergänzt und verschiedene Schreibweisen berücksichtigt werden. Begriffe einer Suchebene bilden einen geschlossenen Suchterm und werden mit „OR" verknüpft. Um eine Teilmenge an Literatur zu finden, die eine Kombination der verschiedenen Kernbegriffe und deren verwandter Begriffe enthalten, lassen sich die

Suchterme anschließend mit „AND" verknüpfen. Mittels Definition der Datenumgebung werden die verwendeten Datenbanken für die Recherche sowie einheitliche Suchoptionen, z.B. den Publikationszeitraum und das Suchfeld, festgelegt. Die Ergebnisse der angeführten Schritte gewährleisten einen nachvollziehbaren, reproduzierbaren Rechercheprozess und ergeben die grundlegende Suchstrategie.

Zur *Abgrenzung des Suchfeldes* erfolgen mehrere Suchvorgänge in jeder Datenbank. Dafür werden im ersten Schritt alle Suchterme über den Operator „AND" miteinander verknüpft. Hieraus resultiert die Datengrundlage D1. Im Falle zu weniger Treffer für eine aussagekräftige Datenbasis besteht die Möglichkeit einer Erweiterung der Datengrundlage über eine paarweise Kombination der Suchterme (Datengrundlage D2) bzw. einer Einzelsuche jedes Suchterms (Datengrundlage D3). In Folge der Verknüpfung aller drei Suchterme umfasst Datengrundlage D1 die konkreteste Literatur zum untersuchten Forschungsfeld und stellt dadurch die primäre Datenbasis für die Auswahl und Kategorisierung in Phase 3 dar. Datengrundlage D2 stellt die erweiterte Literaturbasis dar, während Datengrundlage D3 meist zu unspezifisch ist. Zudem lässt die Anzahl der gefundenen Quellen erste Rückschlüsse auf das Interesse am Forschungsgebiet zu.

Ausgehend von Datengrundlage D1 folgt in der dritten Phase die *Auswahl und Kategorisierung* der enthaltenen Literaturquellen. Im ersten Schritt werden zunächst alle vorhandenen Titel hinsichtlich ihrer Relevanz für das Forschungsgebiet gefiltert. Durch kontextspezifisches Lesen der Abstracts dieser relevanten Veröffentlichungen konkretisiert sich die Auswahl im zweiten Schritt weiter. Im dritten Schritt erfolgt eine Kategorisierung der verbliebenen Veröffentlichungen mit hoher- (D1-hr), mittlerer- (D1-mr) und geringer Relevanz (D1-gr). Publikationen mit einer hohen Relevanz zeichnen sich z.B. durch eine interessante methodische Vorgehensweise oder grundlegende Erkenntnisse für die untersuchte Fragestellung aus. Veröffentlichungen mit fraglichem Nutzen für die eigene Forschung werden in Kategorie D1-mr eingeordnet, während alle weiteren Beiträge mit geringer Relevanz die Kategorie D1-gr bilden. Als Ergebnis dieser Phase resultieren die konkretisierten Datengrundlagen D1-hr, D1-mr und D1-gr, wobei

D1-hr alle primär relevanten Veröffentlichungen enthält und als Basis für das weitere Vorgehen dient.

Beim sogenannten Cross-Checking werden im ersten Schritt der Finalisierung alle Literaturquellen der Veröffentlichungen aus Datengrundlage D1-hr analog zur Phase *Auswahl und Kategorisierung* hinsichtlich der Relevanz ihrer Titel und Abstracts analysiert und anschließend den Kategorien D1-hr, D1-mr und D1-gr zugeordnet. Anschließend werden die um die Ergebnisse des Cross-Checkings erweiterte Datengrundlage D1-hr hinsichtlich vorher festgelegter Qualitätskriterien, z.B. den Einsatz bestimmter Verfahren und Werkzeuge, Forschungsfelder oder Forschungszeiträume, untersucht und bei Bedarf kategoriale Anpassungen vorgenommen. Alle verbliebenen Veröffentlichungen werden im letzten Schritt nach relevanten Abschnitten durchsucht bilden die finale Datengrundlage.

Mit Hilfe dieses nachvollziehbaren, dokumentierten und fundierten Überblicks über den aktuellen Wissensstand im untersuchten Forschungsgebiet lassen sich Forschungslücken hinreichend identifizieren und herausarbeiten. Der Einsatz einer Literaturverwaltungssoftware, z.B. Citavi, bietet zudem die Möglichkeit einer strukturierten und effizienten Aufbereitung der recherchierten Literatur und unterstützt die Analyse der finalisierten Datengrundlage. Der folgende Abschnitt zeigt die Anwendung dieser strukturierten Vorgehensweise zur Analyse vorhandener Literatur zur Gestaltung gebrauchstauglicher tangibler Mensch-Maschine-Schnittstellen.

### 3.2.2 Literatur-Review zur nutzerzentrierten Gestaltung von tMMS

Mit Hilfe der Kernfragen „was?", „wie?" und „wofür" werden zur *Festlegung der Suchstrategie* zunächst die Kernbegriffe der drei grundlegenden Suchebenen definiert. Durch die Beantwortung der Leitfragen ergeben sich die drei Kernbegriffe Usability (was?), nutzerzentriert (wie?) und Hardware (wofür?).

*Usability* (dt. Gebrauchstauglichkeit) beschreibt die Fähigkeit, ein Produkt in einem bestimmten Nutzungskontext effektiv, effizient und zufriedenstellend benutzen zu können. Das Konstrukt der Gebrauchstauglichkeit wird dabei der Ergonomie in Mensch-System-Interaktionen zugeordnet (DIN EN ISO 9241-11).

*User-Centred-Design* (dt. nutzerzentrierte Gestaltung) und *Human-Centred-Design* (dt. menschzentrierte Gestaltung) beschreiben Ansätze zur Produktgestaltung unter Beachtung von Bedürfnissen, Fähigkeiten und Verhalten der zukünftigen Nutzer bzw. Menschen (Norman 2013; Draper und Norman 2009).

*Hardware* beschreibt die physischen Komponenten, z.B. Griffe und Tasten, zur Bedienung und Handhabung eines Systems. Je nach Einsatzgebiet können hier verschiedene Elemente zum Einsatz kommen und die Gebrauchstauglichkeit des Systems beeinflussen (Sarodnick und Brau 2006).

Tabelle 2 zeigt die iterativ mit Experten für Produktergonomie (n=5) abgestimmten Begrifflichkeiten als Grundlage für die Festlegung der Suchterme.

**Tabelle 2:** Kernbegriffe des Literatur-Reviews als Grundlage für die Suchterme
*Quelle:* eigene Darstellung

| | Was?<br>(Suchterm S1) | Wie?<br>(Suchterm S2) | Wofür?<br>(Suchterm S3) |
|---|---|---|---|
| deutsch | Gebrauchstaug-<br>lichkeit<br>Ergonomie | nutzerzentriert*<br>mensch*zentriert* | Hardware<br>Produkt<br>tangibel |
| englisch | usability<br>ergonomics | user-cent*ed<br>human-cent*ed | hardware<br>product<br>tangible |

Auf Grundlage von Tabelle 2 erfolgt die *Festlegung der Suchterme* S1 (hardware OR product OR tangible OR tangibel OR Produkt), S2 (Usability OR Gebrauchstauglichkeit OR ergonomics OR Ergonomie) und S3 (nutzerzentriert* OR user-cent*ed OR mensch*zentriert* OR human-cent*ed OR partcipat*). Die Summe aller Suchbegriffe lässt eine integrierte Suche von englischen und deutschen Begriffen zu. Zur Definition der Datenumgebung werden dem Thema angemessene Datenbanken mit Schwerpunkten in Soziologie, Psychologie und Technik ausgewählt. Die kontextspezifischen Datenbanken ACM, EBSCO Host, Emerald, IEEE, Scopus, Web of Science und Science Direct eignen sich dabei besonders, um eine umfassende Datengrundlage zu generieren. Für eine einheitliche und vergleichbare Suche in den einzelnen Datenbanken erfolgt die Suche nach den Kernbegriffen innerhalb des Titel, des Abstracts und der Keywords einer Veröffentlichung. Des Weiteren wird ein Publikationszeitraum von fünf Jahren festgelegt, um die Aktualität der gefundenen Literatur sicherzustellen. Der Suche nach Grundlagenliteratur außerhalb dieses Zeitraumes wird in der vierten Phase beim Cross-Checking, einer systematischen Rückwärtssuche, nachgegangen. Die beschriebenen Parameter ergeben die grundlegende Suchstrategie und bilden die Basis für die Abgrenzung des Suchfeldes in der zweiten Phase.

Für die *Abgrenzung des Suchfeldes* werden zunächst verschiedene Suchvorgänge in den Datenbanken durchgeführt. Hierfür werden im ersten Suchdurchlauf alle drei Suchterme mit dem Operator AND verknüpft. Die resultierenden Ergebnisse bilden Datengrundlage D1. Für den Fall mangelnder Treffer für aussagekräftige Datenbasis bei der Kombination aller Suchterme besteht die Möglichkeit, die mit einer paarweisen Kombination der Suchterme (Datengrundlage D2) bzw. der Einzelsuche jedes Suchterms (Datengrundlage D3) zu erweitern. Tabelle 3 zeigt die umfassende Datenbasis der resultierenden Datengrundlagen D1, D2 und D3.

**Tabelle 3:** **Zusammenfassung der Datengrundlagen aus dem Literatur-Review**
*Quelle:* *eigene Darstellung (Stand: 07.04.2017)*

| | ACM | EBSCO Host | Emerald | IEEE | Scopus | Web of Science | Science Direct |
|---|---|---|---|---|---|---|---|
| **D3** | | | | | | | |
| **S1** | 346 | 17.247 | 320 | 5.836 | 37.512 | 12.719 | 4.697 |
| **S2** | 0 | 2.989 | 1 | 1.352 | 7.504 | 1.545 | 209.905 |
| **S3** | 0 | 413.248 | 7.844 | 84.677 | 796.029 | 461.430 | 161.069 |
| **D2** | | | | | | | |
| **S1+S2** | 0 | 952 | 0 | 246 | 1.240 | 354 | 864 |
| **S1+S3** | 0 | 1.718 | 52 | 836 | 4.165 | 1.198 | 546 |
| **S2+S3** | 0 | 393 | 0 | 185 | 1.024 | 221 | 15.005 |
| **D1** | | | | | | | |
| **S1+S2+S3** | 0 | 167 | 0 | 52 | 269 | 63 | 141 |

Datengrundlage D1 enthält durch die Verknüpfung aller drei Suchterme die relevanteste Literatur hinsichtlich nutzerzentrierter Entwicklungsprozesse für tangible Mensch-Maschine-Schnittstellen und dient als primäre Datenbasis für die dritte Phase Auswahl und Kategorisierung.

Ausgehend von Datengrundlage D1 beginnt im Folgenden die *Auswahl und Kategorisierung* der gefundenen Literaturquellen. Hierfür werden im ersten Schritt alle Titel hinsichtlich ihrer Relevanz selektiert und nur die Titel von Interesse für die nutzerzentrierte Gestaltung von MMS übernommen. Durch kontextspezifisches Lesen der Abstracts dieser ersten Auswahl und erneutes filtern, konkretisiert sich die Anzahl relevanter Veröffentlichungen erneut. Die Einordnung der verbliebenen Veröffentlichungen in die Kategorien A, B und C verschafft einen Überblick über Veröffentlichungen mit hoher- (hr), mittlerer- (mr) und geringer Relevanz (gr).Tabelle 4 zeigt die Ergebnisse der dritten Phase Auswahl und Kategorisierung, auf Grund fehlender Treffer ohne die Datenbanken ACM und Emerald.

**Tabelle 4:** **Ergebnisse der Auswahl und Kategorisierung (mit Dopplungen)**
*Quelle:* *eigene Darstellung*

| | EBSCO Host | IEEE | Scopus | Web of Science | Science Direct |
|---|---|---|---|---|---|
| **D1** | 147 | 52 | 269 | 63 | 141 |
| **Relevanz nach Titel** | 20 | 10 | 39 | 16 | 11 |
| **Relevanz nach Abstract** | 18 | 6 | 21 | 12 | 5 |
| **D1-hr** | 7 | 1 | 7 | 3 | 1 |
| **D1-mr** | 5 | 4 | 8 | 5 | 4 |
| **D1-gr** | 6 | 1 | 6 | 4 | 0 |

Die in dieser Phase entstandene Datengrundlage D1-hr bildet die primäre Literaturbasis für das weitere Vorgehen. Datenbankübergreifend ergeben sich 15 relevante Veröffentlichungen (ohne Dopplungen) zur nutzerzentrierten Gestaltung von tangiblen Mensch-Maschine Schnittstellen als Ausgangspunkt für die Finalisierung der Datengrundlage.

Im Zuge der *Finalisierung der Datengrundlage* ergeben sich durch das Cross-Checking weitere 40 relevante Veröffentlichungen für die folgende Analyse (Tabelle 5).

**Tabelle 5:** **Ergebnisse des Cross-Checking und finalisierte Datengrundlage**
*Quelle:* *eigene Darstellung*

| | Anzahl der Veröffentlichungen |
|---|---|
| D1-hr (ohne Dopplungen) | 15 |
| Chross-Checking | 40 |
| **Finale Datengrundlage** | **55** |

Die finalisierte Datengrundlage beinhaltet 41 relevante Veröffentlichungen zur nutzerzentrierten Gestaltung von gebrauchstauglichen tMMS. Innerhalb der recherchierten Literatur lassen sich neben elf nutzerzentrierten Vorgehensmodellen auch Anforderungen an eine nutzerzentrierte Gestaltung von Mensch-Maschine-Schnittstellen aus Sicht der Praxis identifizieren, die in den folgenden Kapiteln näher erläutert werden.

## 3.3 Anforderungen an die Gestaltung gebrauchstauglicher MMS in der Praxis

In der Literatur existieren verschiedene Untersuchungen zur praktischen Umsetzung einer nutzerzentrierten Entwicklung. Aus der Analyse der finalen Datengrundlage des Literatur-Review resultieren praxisrelevante Anforderungen an nutzerzentrierte Vorgehensmodelle und die darin eingesetzten Verfahren. Weiterhin werden die spezifischen Anforderungen an die Gestaltung von tangiblen Mensch-Maschine-Schnittstellen als Ergebnis einer Fokusgruppe mit Planern und Entwicklern vorgestellt.

> Im Kontext der nutzerzentrierten Entwicklung von Mensch-Maschine-Schnittstellen lassen sich zwei Gruppen von Anwendern unterscheiden. Die erste Gruppe besteht aus eingebundenen Endanwendern im Gestaltungsprozess – also den zukünftigen Nutzern der Mensch-Maschine-Schnittstelle – während die zweite Gruppe Planer und Entwickler– die Anwender der Engineering-Methode – umfasst.
>
> Die nachfolgend beschriebenen Anforderungen von Anwendern resultieren aus Untersuchungen der zweiten Anwendergruppe – den Planern und Entwicklern von Assistenzsystemen in der betrieblichen Praxis.

### 3.3.1 Anforderungen an nutzerzentrierte Vorgehensmodelle aus Sicht der Anwender ·

Trotz vielfältig vorhandener Literatur zur nutzerzentrierten Gestaltung und Usability, entstehen immer wieder Produkte mit fehlender Gebrauchstauglichkeit. Dieser Umstand deutet auf eine fehlende Anwendbarkeit bestehender Vorgehensmodelle in der Praxis hin, der sich durch die zunehmende Vielfalt an Anwendungsumgebungen, vor allem im Hinblick auf den Einsatz mobiler Endgeräte weiter verschärft (van Kuijk et al. 2015).

Dabei existieren verschiedene Anforderungen an deren praktische Anwendung, die eine nutzerzentrierte Gestaltung begünstigen (van Kuijk et al. 2015). Tabelle 6 zeigt die extrahierten Anforderungen nach an eine praxistaugliche Methodik zur nutzerzentrierten Gestaltung aus Sicht der Planer und Entwickler.

**Tabelle 6:** **Anforderungen an nutzerzentrierte Vorgehensmodelle aus Sicht der Anwender**

*Quelle:*　*eigene Darstellung*

| Anforderung | Quellen |
|---|---|
| Klar vorgegebene und beschriebene Verfahren | van Kuijk et al. (2015); van Eijk et al. (2012); Glende (2010); Bruno und Dick (2007) |
| Zeitige Evaluation mit Nutzern | van Kuijk et al. (2015); Glende (2010); Hemmerling (2002); Bruno und Dick (2007) |
| Frühzeitige Verfügbarkeit von Prototypen | van Kuijk et al. (2015); Boivie et al. (2006); Hemmerling (2002); Vredenburg et al. (2002) |

Auf Grund der vielfältig vorhandenen Verfahren und Werkzeuge entstehen in der praktischen Anwendung nutzerzentrierter Vorgehensmodelle vermehrt Schwierigkeiten bei deren Auswahl und Durchführung (Glende 2010). Praxisbasierte Untersuchungen zeigen, dass nutzerorientierte Verfahren und Werkzeuge oft in Abhängigkeit des Erfahrungsschatzes der beteiligten Planer und Entwickler angewendet werden. Fehlende Verfahren und Werkzeuge zur detaillierten Unterstützung von Produktentwicklungsteams verhindern dabei ein eindeutiges und effektives Vorgehen bei der Entwicklung und führen zu Produkten, die entscheidende Gebrauchsmerkmale der zukünftigen Produktnutzer unberücksichtigt lassen (van Eijk et al. 2012; van Kuijk et al. 2015). Die Auswahl und die Durchführung der einzusetzenden Verfahren und Werkzeuge sollten demnach klar und deutlich beschrieben sein (Bruno und Dick 2007; Glende 2010), um eine effektive und effiziente Produktgestaltung zu gewährleisten.

Konzeptmodelle und Prototypen dienen der Klärung und Bewertung von Anforderungen in Zusammenarbeit mit den zukünftigen Nutzern und eignen ich vor allem bei Neuentwicklungen (Baskerville et al. 2009; Pahl et al. 2007). Deren frühzeitige Verfügbarkeit begünstigt eine frühzeitige Einbindung der Endanwender und damit die nutzerzentrierte Produktgestaltung (van Kuijk et al. 2015; Boivie et al. 2006; Hemmerling 2002; Vredenburg et al. 2002).

Die Evaluation von Prototypen in den frühen Phasen der Produktgestaltung wird als vorteilhaft herausgestellt, da in den späten Phasen der Entwicklung nur noch begrenzte Anpassungsmöglichkeiten bestehen (van Kuijk et al. 2015). Dementsprechend sind Evaluationsverfahren zu wählen, die sich schon vor der Fertigstellung eines Produktes an Produktkonzepten und Prototypen anwenden lassen (Glende 2010; Hemmerling 2002).

Eine praxistaugliche Vorgehensweise zur nutzerzentrierten Gestaltung kennzeichnet sich demnach durch eine kontextspezifische Vorgabe und konkrete Hinweise zur Anwendung einzusetzender Verfahren und Werkzeuge sowie einer frühzeitigen Erstellung und Evaluation von Prototypen.

### 3.3.2 Anforderungen an Verfahren und Werkzeuge in nutzerzentrierten Vorgehensmodellen

Bei der Durchführung nutzerzentrierter Vorgehensmodelle hängt die Auswahl der einzusetzenden Verfahren und Werkzeuge von verschiedenen Faktoren, wie dem Kenntnisstand der einzelnen Entwickler, ab (vgl. Kapitel 3.3.1). Unabhängig davon existieren weitere Rahmenbedingungen, die eingesetzte Verfahren und Werkzeuge erfüllen sollten, um in der betrieblichen Praxis angewendet zu werden. Fehlende Standards bei angewendeten Verfahren und Werkzeuge führen in der betrieblichen Praxis zu Herausforderungen hinsichtlich der Qualität und Vergleichbarkeit von Evaluationsergebnissen (van Kuijk et al. 2015; Glende 2010). Weiterhin unterliegen Entwicklungsprojekte einem hohen Kosten- und Zeitdruck, was sich ebenso auf die Wahl der Verfahren und Werkzeuge auswirkt (Boivie et al. 2006; Bruno und Dick 2007; Boivie et al. 2003; Chilana et al. 2011; Gulliksen et al. 2006; Rosenbaum et al. 2000). Die Anwendungszeit von Verfahren und Werkzeugen beschränkt sich dabei nicht nur auf deren Durchführungszeit, sondern berücksichtigt ebenso auf den Aufwand der Ergebnisanalyse sowie deren Aussagekraft (Vredenburg et al. 2002; Rosenbaum et al. 2000). Tabelle 7 zeigt die allgemeinen Anforderungen für die Wahl eines Evaluationsverfahrens in der Praxis.

Tabelle 7:     **Anforderungen für die Wahl von Verfahren und Werkzeugen in der Praxis**
*Quelle:*         *eigene Darstellung*

| Anforderung | Quelle |
|---|---|
| Standardisierte Verfahren | van Kuijk et al. (2015); Glende (2010) |
| Geringe Anwendungszeit | van Kuijk et al. (2015); Chilana et al. (2011); Glende (2010); Bruno und Dick (2007); Boivie et al. (2006); Gulliksen et al. (2006); Ji und Yun (2006); Boivie et al. (2003); Vredenburg et al. (2002); Rosenbaum et al. (2000) |
| Einfache Auswertung | van Kuijk et al. (2015); Glende (2010); Vredenburg et al. (2002); Rosenbaum et al. (2000) |

Der Einsatz standardisierter Verfahren führt zu einer vergleichbaren Qualität in der Umsetzung und einer besseren Planbarkeit der Ressourcen im Verlauf einer Produktentwicklung (van Kuijk et al. 2015; Glende 2010). Zudem erhöhen standardisierte Verfahren die Objektivität (Bortz und Döring 2016) und folglich die Unabhängigkeit der Ergebnisse. In Verbindung mit einer klaren Anleitung zur Durchführung eines Verfahrens reduziert sich der Einfluss des Kenntnisstandes der Anwender auf die Ergebnisqualität.

Verfahren einer nutzerzentrierten Entwicklung sollten die Anforderung einer schnellen und einfachen Durchführung erfüllen, um den hohen Zeitdruck in der Systementwicklung entgegen zu wirken (Gulliksen et al. 2006; Vredenburg et al. 2002; Rosenbaum et al. 2000). Dabei wird die Anwendungszeit ebenso von der notwendigen Erfahrung für den Einsatz eines Verfahrens beeinflusst (Bruno und Dick 2007; Ji und Yun 2006).

Ein weiterer Aspekt zur Minimierung der Anwendungszeit stellt die Komplexität der Auswertung aufgenommener Evaluationsergebnisse dar (van Kuijk et al. 2015; Glende 2010; Rosenbaum et al. 2000; Vredenburg et al.

2002). Eine einfache Auswertung der Ergebnisse steigert deren Verwert-barkeit- sowie Kommunizierbarkeit und Integration in den weiteren Gestaltungsprozess.

### 3.3.3 Spezifische Anforderungen an die nutzerzentrierte Gestaltung von tMMS

Die Gestaltung einer tangiblen Mensch-Maschine-Schnittstelle umfasst neben Bedienelementen für die Manipulation der Softwareoberfläche (GUI) auch alle weitere hardwaretechnischen Funktionselemente, die zur Handhabung eines Systems notwendig sind (vgl. Kapitel 1.2). Dazu gehören z.B. Griffe oder Funktionen zum Transport. Vor diesem Hintergrund ergeben sich spezifische Anforderungen an die einzusetzenden Verfahren und Werkzeuge, die sich von der Gestaltung gebrauchstauglicher Softwareoberflächen unterscheiden. Aus einer Fokusgruppe mit Planern und Entwicklern (n=5) von Assistenzsystemen für Produktionsmitarbeiter ergeben sich folgende Anforderungen für die Gestaltung gebrauchstauglicher tMMS:

- Wissen zu Verfahren und Werkzeugen für die systematische Gestaltung von tangiblen MMS

- Berücksichtigung anthropometrischer Variablen bei der Gestaltung

- Wissen zu Verfahren und Werkzeugen für die Evaluation von tangiblen MMS

Diese Aussagen decken sich mit Harih (2014), wonach sich die bisherige Gestaltung von Griffen auf den Durchmesser zylindrischer Formen beschränkt und eine systematische Formgestaltung, unter Verwendung des bekannten Wissens zur ergonomischen Gestaltung, vermissen lässt. Nach der Einführung von Desktop-Computern klagten die ersten Anwender über Diskomfort und muskuläre Probleme, was die Erstellung von Gestaltungsrichtlinien für Desktop-Computern mit sich brachte (Pereira et al. 2013). Trotz steigender Anwendungsmöglichkeiten in der Produktion fehlen derartige Richtlinien für die Gestaltung mobiler Endgeräte bislang.

Anthropometrische Variablen beschreiben die Grunddaten Geschlecht, Perzentil sowie demographische Angaben und Daten zum Körperbau, z.B. die Hand- oder Fingerlänge (Bullinger 2016). Deren Berücksichtigung identifizieren Bullinger et al. (2013) als einen Schwerpunkt der ergonomischen Gestaltung von tangiblen Mensch-Maschine-Schnittstellen. Die Anforderung an die Beachtung anthropometrischer Variablen charakterisiert hier ebenso den Einfluss anatomischer und physiologischer Merkmale der betrachteten Anwender.

Die Anwender nutzerzentrierter Entwicklungsmodelle in der Praxis verlangen Verfahren und Werkzeuge zur Bewertung von Konzeptmodellen und Prototypen, die aussagekräftige Ergebnisse liefern und einfach zu interpretieren sind. Diese weisen bei der Evaluation von tangiblen MMS zum Teil andere Merkmale im Vergleich zur Bewertung von Softwareoberflächen auf und sind daher kontextspezifisch bereitzustellen.

## 3.4 Stand der Wissenschaft zur Gestaltung gebrauchstauglicher MMS

Neben den beschriebenen Anforderungen der Anwender aus der Praxis werden in der wissenschaftlichen Literatur bereits Aspekte und Vorgehensmodelle für eine nutzerzentrierte Gestaltung von Mensch-Maschine-Schnittstellen beschrieben. Die folgenden Abschnitte zeigen zunächst die grundlegenden Prinzipien einer nutzerzentrierten Gestaltung. Abschließend werden die im Rahmen der Literaturanalyse identifizierten nutzerzentrierten Vorgehensmodelle vorgestellt und anhand der Qualitätskriterien diskutiert. Zusammen mit den Anforderungen der Anwender entsteht so die Grundlage für deren anschließende Gegenüberstellung und die Ableitung des Forschungsbedarfes.

### 3.4.1 Grundregeln der nutzerzentrierten Gestaltung

In einem Gestaltungsprozess treten verschiedene Wechselwirkungen zwischen Produkt, Anwendungsumgebung und Anwender auf. Zusätzlich beeinflussen Rahmenbedingungen wie Geld und Zeit den gesamten Entwurfsprozess und stellen Entwickler vor große Herausforderungen (Hage-

dorn et al. 2016). Vermeintlich höhere Kosten durch den Einbezug von Anwendern in den Entwicklungsprozess werden allerdings langfristig durch
bessere Ergebnisse und weniger Nachbesserungen ausgeglichen (Chammas et al. 2014), weshalb im Folgenden die Grundregeln einer nutzerzentrierten Gestaltung als Basis für die zu entwickelnde Engineering-Methode herausgestellt werden.

Gould und Lewis (1985) beschreiben die drei grundlegenden Prinzipien
einer nutzerzentrierter Entwicklung und zur Sicherstellung ergonomischer
Produkte:

1. Frühzeitige Einbindung der Nutzer durch Erforschen des Nut-
   zerverhaltens, deren Merkmale und Analysieren des Nutzungskontextes

2. Empirische Analyse von Nutzerbewertungen im Rahmen von Nutzertests und der damit verbundenen Beteiligung der Anwender in
   den Gestaltungsprozess.

3. Iterative Gestaltung der Produkte durch Einbezug der Ergebnisse
   aus den empirischen Untersuchungen bis eine zufriedenstellende
   Lösung erreicht wird.

Rogers et al. (2015) erweitern diese drei Grundregeln um weitere fünf Leit-
sätze:

1. Die Aufgaben und Ziele der Anwender stellen die treibende Kraft
   hinter einer nutzerzentrierten Entwicklung dar, nicht die Möglichkeit vorhandene Technologien in ein neues Anwendungsfeld zu
   integrieren.

2. Entwickelte Systeme dienen der Unterstützung der Nutzer. Aus
   diesem Grund ist es wichtig, den Nutzungskontext und die Ziele
   der Nutzer zu erfassen, um deren Arbeit zu verbessern (Holtzblatt
   und Beyer 2016). Bei fehlendem Verständnis der realen Begeben-
   heiten in der Anwendungsumgebung führt mit hoher Wahrscheinlichkeit zu Konflikten in der praxistauglichen Anwendung neuer
   Produkte und sinkender Akzeptanz der Anwender (Norman 2013).

3. Produkte zur Unterstützung ihrer Anwender berücksichtigen mögliche Fehler und Einschränkungen dieser auf kognitiver und physikalischer Ebene. Dafür müssen neben den generellen Anforderungen ebenso spezifische Merkmale, z.B. besondere Aufgaben mit der Hand, erfasst werden.

4. Die Einbindung der Nutzer findet frühestmöglich und bis zur finalen Phase des Gestaltungsprozesses statt. Dabei ist der Respekt der Entwickler vor den Anforderungen der Nutzer und deren ernsthafte Berücksichtigung wichtig.

5. Entwickler treffen alle Gestaltungsentscheidungen auf Grundlage der Nutzer, ihrer Tätigkeit oder der Rahmenbedingungen. Eine aktive Beteiligung der Anwender dabei nicht zwangsläufig notwendig, solange deren Anforderungen als Basis für die Entscheidungsfindung fungieren.

Mit den drei Prinzipien von Gould und Lewis (1985) und den Ergänzungen von Rogers et al. (2015) zeigen die Autoren wesentliche Grundregeln einer nutzerzentrierten Entwicklung, die eine wesentliche Basis dieser Forschungsarbeit darstellen. Die folgenden Kapitel beschreiben nutzerzentrierte Entwicklungsprozesse aus der Literatur und vergleichen diese hinsichtlich der angeführten Kriterien.

### 3.4.2 Bestehende Vorgehensmodelle zur nutzerzentrierten Gestaltung

Für die Gestaltung gebrauchstauglicher Produkte ist eine nutzer- oder menschzentrierte Vorgehensweise von hoher Bedeutung (DIN EN ISO 9241-210; Rogers et al. 2015). Im Vergleich zu traditionellen Entwicklungsprozessen stellen nutzerzentrierte Gestaltungsprozesse den Anwender in den Mittelpunkt und bewerten die Produktqualität hinsichtlich Bedürfnissen, Wünschen, Merkmalen und Fähigkeiten einer projektierten Nutzergruppe (van Kuijk et al. 2015). Die folgen Abschnitte diskutieren die elf identifizierten Vorgehensmodelle zur nutzerzentrierten Gestaltung von Mensch-Maschine-Schnittstellen aus dem Literatur-Review hinsichtlich der erarbeiteten Anforderungen aus der betrieblichen Praxis. Die allgemeinen Beschreibungen der nutzerzentrierten Vorgehensmodelle können in Anhang A.1 nachgelesen werden

*Usability Engineering Life Cycle*

Nielsen (1992) beschreibt in seinem Modell elf sequentiell aufeinander folgende Phasen, die einem wasserfallartigen Prinzip ähneln. Die Phase *iterative design* sieht dabei nur die Überarbeitung des vorhandenen Entwurfs vor, ohne jedoch eine iterative Vorgehensweise zu beschreiben. Die angeführten Phasen stellen eher Prinzipien innerhalb eines Engineering-Prozesses zur Gestaltung einer Mensch-Maschine-Schnittstelle dar, da sie weder miteinander verknüpft, noch in zeitlicher Reihenfolge zueinanderstehen. Ein genauer Ablauf der einzelnen Aktivitäten wird von Nielsen nicht näher beschrieben und Verfahren zur Umsetzung der Inhalte werden nur beispielhaft angeführt. Nielsen betrachtet mit seinen Aktivitäten erstmal auch die Zeit während der Nutzung eines Produktes und beschreibt das Usability Engineering als ein systematisches Verfahren, dass über die Gestaltung und Evaluation hinausgeht. Der Usability Engineering Life Cycle dient als Grundlage für die meisten darauffolgend entwickelten, nutzerzentrierten Vorgehensmodelle.

*Star Life Cycle*

Der Star Life Cycle von Hix und Hartson (1993) beschreibt ein sternartiges Prozessmodell, wobei alle wesentlichen Usability-Aktivitäten mit der zentralen Aufgabe, der Usability-Evaluation, verbunden sind. Trotz der Anpassungsmöglichkeit auf spezifische Anwendungskontexte, gestaltet sich die Anwendung des Modells in der Praxis als schwierig (Seffah et al. 2005). Einerseits werden zwar spezielle Verfahren und Notationen zur Dokumentation der Nutzerinteraktionen bereitgestellt, andererseits beschreiben Hix und Hartson keinen Endpunkt ihrer iterativen Vorgehensweise und erschweren so die Ressourcenplanung.

Mit dem Star Life Cycle zeigen Hix und Hartson ein nicht-sequentielles Modell zur nutzerzentrierten Entwicklung von Softwareoberflächen, ohne zeitlichen Bezug hinsichtlich der Durchführung einzelner Aktivitäten. Die Evaluation jeder Aktivität steht dabei im Mittelpunkt der iterativen Vorgehensweise. Wie Nielsen (1992) verstehen auch Hix und Hartson (1993) das Usability-Engineering als Prozess, beschreiben die Gestaltungsphase als die am wenigsten verstandene Entwicklungsaktivität und stellen hierfür die *User Action Notation* als Verfahren zur Verfügung.

*Usability Engineering Lifecycle*

Der Usability Engineering Lifecycle von Mayhew (1999) beschreibt ein komplexes Vorgehensmodell bestehend aus den drei Hauptphasen Anforderungsanalyse (*Analysis Phase*), Entwurfs-, Test- und Entwicklungsphase (*Design/ Testing/ Development Phase*) sowie Installation des Produktes beim Kunden (*Installation Phase*). Trotz iterativer Vorgehensweise in der Gestaltungphase erfolgt erst am Ende eine Rückkopplung zur Anforderungsanalyse. In der Praxis birgt dieses Vorgehen Schwierigkeiten, da bei komplexen Systemen nicht alle Anforderungen und Abhängigkeiten in einem Analyseschritt aufgenommen werden können (Wiedenhöfer 2015).

Mayhew (1999) präsentiert mit dem Usability Engineering Lifecycle ein sequentielles Vorgehen und bildet einen vollständigen, verfahrensunabhängigen Usability-Engineering-Prozess ab. Anhand ausführlich beschriebener Beispiele zeigt Mayhew die Umsetzung einzelner Aktivitäten sowie mögliche Ergebnisse und stellt damit eine praxisnahe Anleitung zur nutzerzentrierten Gestaltung von Softwareoberflächen zur Verfügung.

*Scenario-based Usability Engineering*

Mit dem Scenario-based Usability Engineering stellen Rosson und Carroll (2009) einen nutzerzentrierten Ansatz zur Gestaltung von Softwareoberflächen, bestehend aus den drei Hauptphasen Analysieren (*Analyze*), Gestalten (*Design*) sowie Prototypenerstellung und Bewertung (*Prototype and Evaluate*), vor. Der Fokus von Rosson und Carroll liegt in der Beschreibung einzusetzender Verfahren und weniger im konkreten Vorgehen während des Gestaltung. Hier ziehen die Autoren den Usability Engineering Lifecycle nach Mayhew (1999) als Referenz zur detaillierten Umsetzung von Analyse und Entwicklung heran. Zusätzlich werden organisatorische Aspekte, z.B. Teamstrukturen und Ressourcenplanung, für die praktische Anwendung beschrieben.

Rosson und Carroll beschreiben einen nutzerzentrierten Gestaltungsprozess für Softwareoberflächen, der sich am Vorgehen des Usability Engineering Lifecycle von Mayhew (1999) orientiert und diesen um das Verfahren der Szenarienerstellung erweitert. Trotz iterativer Gestaltung und Evaluierung der Benutzeroberfläche innerhalb der zweiten Phase findet keine Rückkopplung zur Analysephase statt. Ausführliche Beschreibungen der eingesetzten Verfahren sind dabei sehr hilfreich und erleichtern die Anwendung dieser Vorgehensweise.

*Nutzerzentrierter Entwicklungsprozess nach DIN EN ISO 9241-210*

Der nutzerzentrierte Entwicklungsprozess nach DIN EN ISO 9241-210 beschreibt eine iterative Vorgehensweise zur nutzerzentrierten Gestaltung interaktiver Systeme. Die übergeordnete Sichtweise der zirkulär anzuwendenden Aktivitäten ermöglicht deren Anwendung in nahezu allen Phasen der Produktentwicklung in objektorientierte-, Wasserfall- und agile Entwicklungsmodelle (Abbildung 8).

> „Dieser Teil der ISO 9241 gibt einen Überblick über menschzentrierte Gestaltungsaktivitäten. Er enthält weder Einzelheiten zu Verfahren und Techniken, die für eine menschzentrierte Gestaltung erforderlich sind, noch werden Gesundheits- und Sicherheitsaspekte im Detail behandelt. Obwohl Planung und Management einer menschzentrierten Gestaltung angesprochen werden, behandelt ISO 9241-210 nicht sämtliche Aspekte des Projektmanagements." (DIN EN ISO 9241-210)

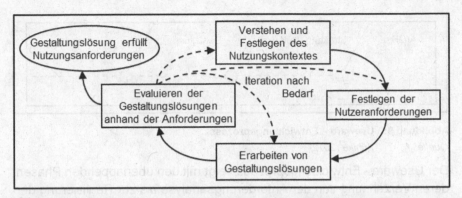

**Abbildung 8:** **Nutzerzentrierter Entwicklungsprozess nach DIN EN ISO 9241-210**
*Quelle:* *DIN EN ISO 9241-210 (2011)*

Aufgrund seiner übergeordneten Darstellung liefert das Modell einerseits eine standardisierte Vorgehensweise zur nutzerzentrierten Gestaltung, lässt andererseits aber konkrete Umsetzungshinweise, wie Verfahren und Werkzeuge, vermissen. Das Vorgehensmodell stellt damit ein allgemein-gültiges Rahmenmodell dar, das individuell an das zu entwickelnde System angepasst werden kann.

*Useware – Entwicklungsprozess*

Mit dem Useware - Entwicklungsprozess stellt Zühlke (2012) ein durchgängig iteratives Vorgehen zur Gestaltung gebrauchstauglicher Benutzungsschnittstellen für Hard- und Softwarekomponenten eines Systems dar (Abbildung 9). Infolge des hohen Abstraktionsgrades in den frühen Phasen der Gestaltung verfügt der Entwicklungsprozess über eine hohe Wiederverwendbarkeit der Zwischenergebnisse. Für die Gestaltung gebrauchstauglicher Benutzungsschnittstellen von mobilen, kontext-sensitiven Systemen fehlt allerdings eine kontextabhängige Betrachtung der Gestaltungsphase (Vogel-Heuser et al. 2017).

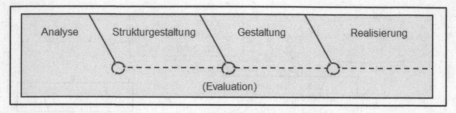

| Analyse | Strukturgestaltung | Gestaltung | Realisierung |

(Evaluation)

**Abbildung 9:**    Useware - Entwicklungsprozess
*Quelle:*         *Zühlke (2012)*

Der Useware - Entwicklungsprozess zeigt mit den überlappenden Phasen deren Verzahnung von der Anforderungsanalyse bis zur Realisierung der Mensch-Maschine-Schnittstelle. Dazu erläutert Zühlke verschiedene Verfahren zu Erhebung der Anforderungen, beschreibt Entwicklungswerkzeuge und gibt einen Überblick über Evaluationsverfahren. Die angeführten Phasen beschreiben allerdings nur einen übergeordneten Prozess und lassen eine dezidierte, verfahrensgestützte Vorgehensweise vermissen.

*Goal-directed Design*

Mit dem Goal-Directed Design zeigen Cooper et al. (2014) eine sequentielle Vorgehensweise ohne die Möglichkeit einer Rückkopplung. Weiterhin mangelt es dem Modell an iterativen Evaluationsstufen, die von den Autoren allerdings reifegradabhängig vorgeschlagen wird. Mit Hilfe von Vorgehensweisen, Techniken und Gestaltungsprinzipien erfolgt zudem eine detaillierte Beschreibung der Gestaltungsphase.

Das Goal-Directed Design zeigt ein stark Verfahren getriebenes Modell zur Gestaltung von Softwarelösungen. Dabei stehen Personas und die Entwicklung von Szenarien im Fokus der Vorgehensweise. Durch die fehlenden iterativen Evaluationsphasen fehlt dem Modell jedoch der Austausch mit den späteren Anwendern.

*Interaction Design Lifecycle*

Die Phasen des Interaction Design Lifecycle von Rogers et al. (2015) sind eng miteinander verflochten. Mit dem Fokus gebrauchstaugliche Produkte zu gestalten, wiederholen sich die Phasen iterativ bis die Usability-Anforderungen erfüllt sind und keine neuen Anforderungen identifiziert werden.

Dabei steht die Bewertung des entwickelten Systems im Mittelpunkt des Interaction Designs (Abbildung 10).

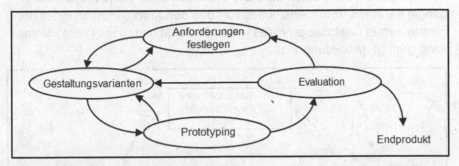

**Abbildung 10: Interaction Design Lifecycle**
*Quelle:          Rogers et al. (2015)*

Rogers et al. zeigen einen iteratives Vorgehensmodell mit vier Phasen, das den Anforderungen der nutzerzentrierten Entwicklung vollumfänglich entspricht. Dabei stellen die Autoren zu jeder Phase verschiedene Techniken vor und erläutern diese anhand mehrerer Beispiele, die endgültige Auswahl eines Verfahrens liegt allerdings beim Anwender. Eine Gestaltung von tangiblen Mensch-Maschine-Schnittstellen scheint möglich, wird aber nicht näher erläutert.

*Contextual Design*

Das Contextual Design von Holtzblatt und Beyer (2016) beschreibt einen Gestaltungsprozess für Softwareoberflächen basierend auf einem Verfahren zur Erfassung von Felddaten, der Kontextanalyse. Dazu ergänzen Holtzblatt und Beyer (2016) Techniken zur Analyse und Präsentation der erhobenen Daten, mit deren Hilfe Ideen für spezifische Produktlösungen entstehen, die anschließend iterativ mit den Nutzern verbessert werden.

Das Vorgehensmodell von Holtzblatt und Beyer ist dem eigentlichen Entwicklungsprozess vorangestellt und dient der ausführlichen Analyse der Nutzer- und Nutzungsanforderungen und Konzeption. Eine iterative Gestaltung der Softwareoberfläche mit Nutzern findet allerdings erst in der letzten Phase statt, was eine Rückkopplung zur Anforderungsanalyse vermissen lässt.

*UX Lifecycle Template*

Mit dem UX Lifecycle Template stellen Hartson und Pyla (2016) ein durchgängig iteratives Vorgehensmodell vor, das den Anforderungen eines nutzerzentrierten Gestaltungsprozesses nach Gould und Lewis (1985) umfassend genügt (Abbildung 11).

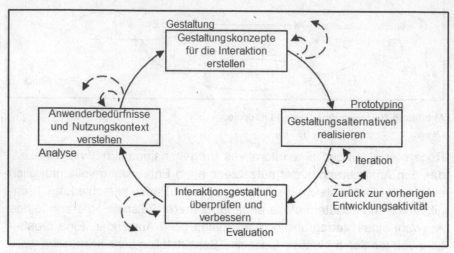

**Abbildung 11: UX Lifecycle**
*Quelle:          Hartson und Pyla (2016)*

Das Modell ist dabei sowohl für die software- als auch hardwaretechnische Gestaltung von Systemen geeignet. Hartson und Pyla beschreiben verschiedene Verfahren zu den einzelnen Phasen sehr ausführlich und weisen folglich auf eine hohe Anwendbarkeit von kleinen bis hin zu großen Entwicklungsprojekten hin. Verfahren zur Umsetzung der Inhalte werden zwar ausführlich beschrieben, eine genaue Anwendung im konkreten Anwendungsfall allerdings nicht näher erläutert.

*Prozessmodell Usability Engineering*

Mit dem Prozessmodell Usability Engineering stellen Sarodnick und Brau (2016) einen praxisnahes, iteratives Vorgehensmodell vor, dass in fast allen Schritten Evaluationsmaßnahmen durchführt. Abhängig vom Ausgang der verschiedenen Evaluationsaktivitäten besteht die Möglichkeit, in eine frühere Phase zurück zu springen und plötzlich auftretende Herausforderungen iterativ zu lösen (Abbildung 12).

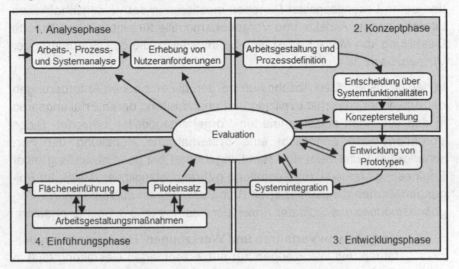

**Abbildung 12: Prozessmodell Usability Engineering**
*Quelle:*       *Sarodnick und Brau (2016)*

Das Prozessmodell Usability Engineering betont die Bedeutung der Analysephase, ausführliche Evaluationsrunden ab Prozessbeginn und die Einführung des Systems als wichtigste Phasen. Dafür stellen Sarodnick und Brau (2016) die Vor- und Nachteile verschiedener Verfahren zur Verfügung, überlassen deren Wahl aber dem Anwender. Unter der Berücksichtigung von Hardware verstehen Sarodnick und Brau allerdings nur den Einfluss hardwaretechnischer Eigenschaften, wie unterschiedliche Prozessoren, Speichergrößen und Grafikkarten, auf die Usability des Systems.

## 3.5 Zusammenfassung und Implikationen der Anforderungen

Das vorangegangene Kapitel 3.3 erhebt die Anforderungen an eine methodische Vorgehensweise zur nutzerzentrierten Produktgestaltung aus Sicht der Anwender in der Praxis. Diese gliedern sich in Anforderungen an nutzerzentrierte Vorgehensmodelle, allgemeine Anforderungen an die eingesetzten Verfahren und spezifische Anforderungen an die Gestaltung tangibler Mensch-Maschine-Schnittstellen. In der gestaltungsorientierten

Forschung identifizieren die dargestellten Anforderungen im Anwendungs-
feld die Rahmenbedingungen der initial beschriebenen Problemstellung
und deren Lösungsansatz. Daneben existieren in der wissenschaftlichen
Literatur bereits Aspekte und Vorgehensmodelle für eine nutzerzentrierte
Gestaltung von Mensch-Maschine-Schnittstellen, die den Status quo der
Wissensbasis darstellen.

In den nachstehenden Abschnitten werden die erhobenen Anforderungen
der Anwender zunächst expliziert und anschließend deren Erfüllungsgrad
in den einzelnen nutzerzentrierten Vorgehensmodellen bewertet. Diese
Vorgehensweise ermöglicht eine systematische Herleitung der Forschungslücke und zeigt den Handlungsbedarf bei der Entwicklung einer
Engineering-Methode zur Gestaltung gebrauchstauglicher tMMS. Im Folgenden werden die identifizierten *Anforderungen an nutzerzentrierte Vorgehensmodelle aus Sicht der Anwender* aus Kapitel 3.3.1 näher erläutert:

- **Vorgabe von Verfahren und Werkzeugen:** Die Auswahl von Verfahren und Werkzeugen zur nutzerzentrierten Gestaltung läuft in
  der Praxis oft nicht standardisiert ab und geschieht in Abhängigkeit
  der bereits vorhandenen Erfahrungen und persönlicher Vorlieben.
  Daher ergibt sich die Anforderung an kontextspezifisch vorgegebene Verfahren und Werkzeugen, die Entwicklern unabhängig von
  vorhandenen Kenntnisse als strukturierte Anleitung bei der Durchführung einer nutzerzentrierten Gestaltung dienen.

- **Zeitige Evaluation:** Die Bewertung von Produktmodellen findet in
  der Praxis oft erst sehr spät im Entwicklungsprozess statt und ver-
  hindert eine Übertragung der gewonnenen Erkenntnisse in die
  Produktgestaltung. Eine frühe Einbindung zukünftiger Produktan-
  wender gilt daher als zentrale Anforderung an eine praxistaugliche
  Engineering-Methode zur nutzerzentrierten Gestaltung von MMS.

- **Frühzeitige Prototypen:** Die Anforderung einer zeitigen Evaluation mit den Nutzern erfordert die frühzeitige Gestaltung von Prototypen. Dadurch erhalten Produktgestalter die Möglichkeit das
  Feedback der Anwender in den Gestaltungsprozess zu integrieren
  und iterative Optimierungen vorzunehmen.

Die angeführten Anforderungen ergänzen die in Kapitel 3.4.1 beschriebenen Kriterien einer nutzerzentrierten Gestaltung. Aus dem spezifischen Bedarf der Anwender nach vorgegebenen Verfahren und Werkzeugen ergeben sich verschiedene allgemeine Anforderungen (vgl. Kapitel 3.3.2), die im Folgenden näher erläutert werden:

- **Standardisierte Verfahren:** Der Einsatz standardisierter Verfahren stellt eine zentrale Anforderung aus Sicht der Nutzer dar. Dies führt zu einer vergleichbaren Qualität der Ergebnisse und unterstützt eine optimierte Planung der personellen sowie zeitlichen Ressourcen im Verlauf der Produktgestaltung.

- **Geringe Anwendungszeit:** Entwicklungsprojekte sind oftmals durch äußeren Druck hinsichtlich zeitlicher und kostentechnischer Aspekte charakterisiert. Daher besteht die Notwendigkeit, ressourcensparende Verfahren und Werkzeuge zur Gestaltung und Evaluation einzusetzen. Die Verfahren und Werkzeuge sollten daher kurz beschrieben sowie schnell und einfach durchzuführen sein.

- **Einfache Auswertung:** Nach der Anwendung von Verfahren und Werkzeugen innerhalb einer nutzerzentrierten Produktgestaltung ergeben sich oft Schwierigkeiten bei der Auswertung und weiteren Nutzung der erhobenen Ergebnisse. Eingesetzte Verfahren und Werkzeuge sollten ohne spezifische Vorkenntnisse auszuwerten und zu interpretieren sein. Nur so kann eine Berücksichtigung der Ergebnisse in der folgenden Iteration sichergestellt werden.

In der Literatur existieren vielfältige Verfahren und Werkzeuge zur nutzerzentrierten Entwicklung von Softwareoberflächen, die sich nur teilweise auf die Gestaltung von tangiblen Mensch-Maschine-Schnittstellen übertragen lassen. Der folgende Absatz beschreibt die spezifischen Anforderungen an die Entwicklung gebrauchstauglicher tMMS:

- **Verfahren zur Gestaltung:** In der Literatur existieren vielfältige Leitfäden für die Gestaltung gebrauchstauglicher Softwareoberflächen. Diese lassen sich allerdings nicht auf die Gestaltung tangibler MMS übertragen. Vor diesem Hintergrund besteht die Anforderung, vorhandene Verfahren und Werkzeuge zur Gestaltung von tangiblen MMS in eine nutzerzentrierte Vorgehensweise zu integrieren und Planer und Entwickler so methodisch zu unterstützen.

- **Berücksichtigung der Anthropometrie:** Eine wesentliche Komponente bei der Gestaltung tangibler MMS stellen die anthropometrische Voraussetzungen, d.h. die Längenmaße der an der Interaktion zwischen Mensch und System teilnehmenden Körperteile, dar. Die Anforderung nach Berücksichtigung der Anthropometrie im Gestaltungsprozess ist daher ein zentraler, methodischer Bestandteil.

- **Verfahren zur Evaluation:** Verfahren zur Bewertung der Gebrauchstauglichkeit werden in nutzerzentrierten Entwicklungsmodellen oft nur allgemein beschrieben und eignen sich vordergründig zur Evaluation von Softwareoberflächen. Daher besteht der Wunsch nach kontextspezifisch vorgegebenen Verfahren und Werkzeugen zur Evaluation der tangiblen MMS in den einzelnen Gestaltungiterationen.

In den vorangegangenen Unterkapiteln werden elf, in der Literatur präsente, nutzerzentrierte Entwicklungsprozesse mit verschiedenen Ausprägungen und Schwerpunkten beschrieben. Auf Basis der zentralen Anforderungen an eine nutzerzentrierte Gestaltung nach Gould und Lewis (1985), ergeben sich eine iterative Vorgehensweise und die Einbeziehung der Nutzer in die Gestaltung und Evaluation der Mensch-Maschine-Schnittstelle (vgl. Kapitel 3.4.1) als grundlegende Vergleichsmerkmale. Darauf aufbauend können die verschiedenen Modelle hinsichtlich des Anwendungsbereiches, der Gestaltung von Software und/oder Hardware, bewertet werden.

Die beschriebenen Vorgehensmodelle eignen sich alle für den Bereich der Softwareentwicklung und lediglich fünf Modelle berücksichtigen die Gestaltung von Hardware. Dabei verfolgen die vorgestellten Modelle weitestgehend eine iterative Vorgehensweise und fokussieren sich während der Gestaltung und Evaluation auf die zukünftigen Anwender. Somit erfüllen die Vorgehensmodelle die Anforderungen an eine nutzerzentrierte Gestaltung nach Gould und Lewis (1985), besitzen jedoch erhebliche Defizite in der Erfüllung der Anforderungen aus der Praxis.

Die Modelle erfüllen die Praxisanforderungen an nutzerzentrierte Vorgehensmodelle sehr heterogen. Verfahren für die inhaltliche Umsetzung der beschriebenen Phasen in den jeweiligen Modellen werden häufig nur genannt oder nur teilweise aufgezeigt. Die aus der betrieblichen Anwendung geforderte Unterstützung bei der Auswahl von Verfahren und Werkzeugen bzw. konkrete kontextspezifische Vorgaben fehlen vor allem in den Vorgehensmodellen, die eine Gestaltung von Hardware vorsehen. Auch die Entwicklung frühzeitiger Prototypen findet nur eingeschränkt statt.

Des Weiteren bestehen erhebliche Defizite bei der Erfüllung der Anforderungen an die Verfahren innerhalb der Vorgehensmodelle. Für den Fall einer unterstützten Verfahrensauswahl sind diese in der Regel zwar standardisiert, betrachten allerdings häufig nur die Anforderungsanalyse und Evaluation. Die Forderungen nach einer geringen Anwendungszeit und einfachen Auswertung wird dabei nicht oder nur teilweise berücksichtigt.

Zusammen mit den spezifischen Anforderungen an Verfahren zur Gestaltung und Evaluation von tangiblen MMS, die in allen betrachteten Vorgehensmodellen unberücksichtigt bleiben, ergeben sich Potentiale für eine nutzergerechte Engineering-Methode. Tabelle 8 vergleicht die Vorgehensmodelle hinsichtlich der Erfüllung der erarbeiteten Anforderungen aus Literatur und betrieblicher Praxis.

Aus der Analyse resultieren große Forschungslücken bei der unterstützenden Wahl eines Verfahrens, den praxistauglichen Eigenschaften der vorgeschlagenen Verfahren und der Erfüllung von Anforderungen an spezifische Verfahren und Werkzeuge zur Gestaltung und Evaluation von tangiblen Mensch-Maschine-Schnittstellen. Zwar existieren in der Literatur Leitfäden und Richtlinien zur systematischen Gestaltung von tangiblen MMS, diese finden jedoch keine Anwendung im Kontext einer nutzerzentrierten Entwicklung. Im folgenden Kapitel wird daher der Aufbau einer Engineering-Methode zur nutzerzentrierten Gestaltung tangibler MMS präsentiert, die den Anforderungen der Anwender gerecht wird und zur Schließung der Forschungslücke beiträgt.

**Tabelle 8:** Eignung der nutzerzentrierten Vorgehensmodelle aus Sicht der Anwenderanforderungen
*Quelle:* *eigene Darstellung*

| | | UX Lifecycle Template | Useware-Engineering | DIN EN ISO 9241-210 | Usability Engineering Life Cycle | Interaction Design Lifecycle Modell | Prozessmodell Usability Engineering | Scenario-based Usability Engineering | Goal-directed Design | Contextual Design | Star Life Cycle | Usability Engineering Lifecycle |
|---|---|---|---|---|---|---|---|---|---|---|---|---|
| Anforderungen aus der Praxis — Methoden (tMMS spezifisch) | Verfahren zur Evaluation | ○ | ○ | ○ | ○ | ○ | ○ | ○ | ○ | ○ | ○ | ○ |
| | Berücksichtigung Anthropometrie | ○ | ○ | ○ | ○ | ○ | ○ | ○ | ○ | ○ | ○ | ○ |
| | Verfahren zur Gestaltung | ○ | ○ | ○ | ○ | ○ | ○ | ○ | ○ | ○ | ○ | ○ |
| Methoden (allgemein) | Einfache Auswertung | ○ | ○ | ○ | ○ | ○ | ○ | ○ | ○ | ○ | ○ | ○ |
| | Geringe Anwendungszeit | ◐ | ○ | ○ | ○ | ○ | ○ | ○ | ○ | ○ | ○ | ○ |
| | Standardisierte Verfahren | ● | ● | ○ | ◐ | ● | ● | ● | ● | ◐ | ● | ● |
| nutzerzentrierte Vorgehensweise | Frühzeitige Prototypen | ● | ● | ● | ◐ | ● | ● | ● | ○ | ◐ | ● | ● |
| | Zeitige Evaluation | ● | ● | ● | ◐ | ● | ● | ● | ○ | ○ | ● | ◐ |
| | Unterstützte Wahl der Verfahren | ◐ | ● | ○ | ◐ | ● | ● | ● | ● | ● | ◐ | ● |
| Anwendungsbereich | Hardware | ● | ● | ◐ | ● | ◐ | ● | ○ | ○ | ○ | ○ | ○ |
| | Software | ● | ◐ | ● | ● | ● | ● | ● | ● | ● | ● | ● |
| Anwenderfokus | Evaluation | ● | ● | ● | ● | ● | ● | ○ | ● | ● | ● | ● |
| | Gestaltung | ● | ◐ | ● | ● | ● | ● | ◐ | ● | ● | ● | ◐ |
| | Iteratives Vorgehen | ● | ● | ● | ◐ | ● | ● | ◐ | ○ | ◐ | ● | ◐ |

**Vorgehensmodell**

Legende:

Vorgehensmodell erfüllt die Anforderung: ● voll   ◐ teilweise   ○ nicht

Forschungslücke: ▢

# 4 Iterative Erstellung einer Engineering-Methode zur Gestaltung gebrauchstauglicher tangibler MMS

## 4.1 Vorgehen bei der Methodenerstellung und Aufbau des Kapitels

Das vorliegende Kapitel erstellt iterativ eine Engineering-Methode zur Gestaltung gebrauchstauglicher tangibler Mensch-Maschine-Schnittstellen, die den identifizierten Anforderungen der Planer und Entwickler in der betrieblichen Praxis gerecht wird und den Stand der Wissenschaft berücksichtigt.

Vor diesem Hintergrund erarbeiten die nachstehenden Kapitel zunächst die Grundstruktur der Engineering-Methode. Diese setzt sich aus den Ablaufphasen, abgeleitet aus dem Usability Engineering, dem UX Engineering und der Konstruktionsmethodik, sowie den Basiselementen der nutzerzentrierten Gestaltung zusammen. Anschließend werden mögliche Verfahren und Werkzeuge, die innerhalb der Basiselemente zu Einsatz kommen, hinsichtlich der erhobenen Anforderungen diskutiert, ausgewählt und den identifizierten Ablaufphasen zugeordnet.

Aufbauend auf diesen Ergebnissen werden im nächsten Schritt die einzelnen Ablaufphasen der Engineering-Methode anhand der identifizierten Verfahren und Werkzeuge detailliert beschrieben. Abschließend werden die erarbeiteten Ergebnisse zusammengefasst und die Implikationen für die Instanziierung der Engineering-Methode in der Domäne Instandhaltung abgeleitet. Die Berücksichtigung der identifizierten Anforderungen an die Gestaltung gebrauchstauglicher MMS in der Praxis sichert die praktische Relevanz der zu entwickelnden Engineering-Methode.

Abbildung 13 zeigt die identifizierten Einflussfaktoren aus Forschungsumgebung (Kapitel 3.3) und Wissensbasis (Kapitel 3.4) für die Erstellung der Engineering-Methode.

© Springer Fachmedien Wiesbaden GmbH, ein Teil von Springer Nature 2019
M. Wächter, *Gestaltung tangibler Mensch-Maschine-Schnittstellen*,
Gestaltung hybrider Mensch-Maschine-Systeme/Designing Hybrid Societies,
https://doi.org/10.1007/978-3-658-27666-9_4

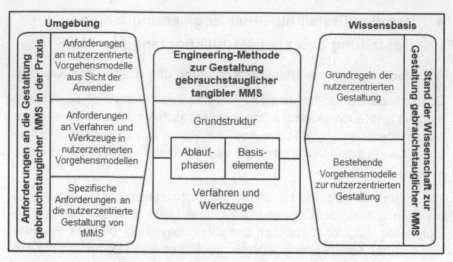

**Abbildung 13: Einflussfaktoren für die Erstellung der Engineering-Methode**
*Quelle:            eigene Darstellung*

## 4.2  Ableitung der Grundstruktur für die Methode

Bei der Entwicklung der Engineering-Methode zur Gestaltung gebrauchstauglicher tangibler Mensch-Maschine-Schnittstellen sind verschiedene
Grundlagen zu berücksichtigen. Dazu befinden sich in der Literatur verschiedene Ansätze zur Gestaltung neuer Produkte, deren Inhalte einen
Einfluss auf die Ablaufphasen und Basiselemente der Engineering-Methode haben. Als wissenschaftliche Grundlage für die Ausgestaltung der
Engineering-Methode dienen daher die Grundregeln der nutzerzentrierten
Gestaltung nach Gould und Lewis (1985) und Rogers et al. (2015) und die
bestehenden Vorgehensmodelle der Wissensbasis.

Im ersten Schritt werden die Phasen der Entwicklung des Usability Engineering (Wiedenhöfer 2015), UX Engineering (Hartson und Pyla 2016) und
der Konstruktionsmethodik in den Ingenieurswissenschaften (VDI 2222 -
Blatt 1; Bullinger et al. 2013) gegenübergestellt und die Ablaufphasen der
Engineering-Methode hergeleitet. Anschließend erfolgt die Strukturierung
der Ablaufphasen mit Hilfe der Basiselemente einer nutzerzentrierten Entwicklung, abgeleitet aus den Vorgehendmodellen in Kapitel 3.4.2. Die resultierende Grundstruktur der Engineering-Methode bildet die Basis für die

inhaltliche Ausgestaltung durch die weiterführende Auswahl geeigneter Verfahren und Werkzeuge.

Diese Vorgehensweise sichert die wissenschaftliche Stringenz bei der Erstellung einer grundlegenden Struktur für die iterative Entwicklung der Engineering-Methode.

### 4.2.1 Bestimmung der Ablaufphasen

Für die iterative Anwendung der in Abschnitt 4.2.1 beschriebenen Elemente der Engineering-Methode lassen sich verschiedene Grundlagen in der Literatur finden. Im Vergleich der Abläufe des UX Engineering (Hartson und Pyla 2016), des Usability Engineering (Wiedenhöfer 2015) und der ingenieurtechnischen Konstruktionsmethodik (Wiedenhöfer 2015; VDI 2222 - Blatt 1; Bullinger et al. 2013) lassen sich mit der Konzeption, der Konkretisierung und der Umsetzung nahezu kongruente Gestaltungsphasen identifizieren. Deren Kombination zu einem einheitlichen Ablaufmodell wird durch die vorangestellte Ideation aus dem UX Engineering, einer aktiven Generierung von Gestaltungideen im Rahmen eines kollaborativen Gruppenprozesses, ergänzt (Hartson und Pyla 2016). Die Phase der Implementierung aus dem UX-Engineering und dem Usability-Engineering stellt dabei einen Teil der Umsetzung dar integriert die tangible Mensch-Maschine Schnittstelle in ein prototypisches Gesamtsystem. Abbildung 14 stellt die resultierenden vier Phasen der Gestaltung gebrauchstauglicher tangibler Mensch-Maschine-Schnittstellen in der Industrie dar.

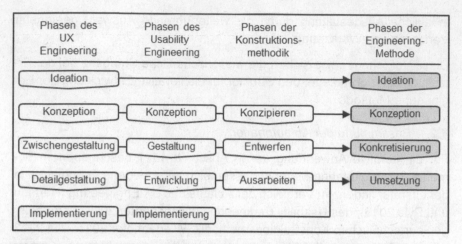

**Abbildung 14: Phasen der Gestaltung gebrauchstauglicher tangibler MMS in der Industrie**

*Quelle:*          *angelehnt an Hoffmann (2010)*

Die *Ideation* beschreibt einen kollaborativen Gruppenprozess mit dem Ziel, erste Gestaltungsideen zu erarbeiten, zu diskutieren und die entstandenen konzeptionellen Entwürfe, in Form einfacher Modelle, abschließend zu bewerten (Hartson und Pyla 2016). Aufbauend auf den im ersten Schritt jeder Phase analysierten Anforderungen der Anwender an die zu entwickelnde tangible Mensch-Maschine-Schnittstelle entstehen so verschiedene Gestaltungsansätze für jede Anforderung als eine Grundlage für die folgenden Ablaufphasen.

In der *Konzeption* konzentrieren sich die Gestaltungsmaßnahmen zunächst auf die Handseite, d.h. die Griffgestaltung der tangiblen Mensch-Maschine-Schnittstelle. Diese ist als direkte Schnittstelle zum Menschen von größerer Bedeutung für eine ergonomische Gestaltung als die dem Anwendungskontext zugerichtete Arbeitsseite (Bullinger et al. 2013). Daher betrachtet diese Phase zunächst u.a. die Handhaltung, Greifart, Griffform und die Abmessungen für die tMMS der Handseite.

Aufbauend auf den Evaluationsergebnissen der Konzeptionsphase und der Analyse weiterer Anforderungen an die Gestaltung entsteht im Rahmen der *Konkretisierung* ein finaler Gestaltungsentwurf der Handseite. Darauf aufbauend findet die Gestaltung der Arbeitsseite statt. In diesem Zuge entstehen verschiedene Gestaltungsentwürfe zu den verbleibenden Anforderungen, z.B. für Funktionselemente, abgeleitet aus dem Arbeitsablauf.

Infolge der Evaluation der Gestaltungsentwürfe durch die Anwender resultiert ein abgestimmtes Konzeptmodell als Basis für die finale Gestaltungsphase *Umsetzung*. Die Ergebnisse der vorangegangenen Phasen fließen in die Gestaltung eines funktionstüchtigen Prototyps, dessen Gebrauchstauglichkeit im Rahmen der finalen Evaluation mit den Anwendern ermittelt wird.

Der Fokus innerhalb der Gestaltungsphasen Ideation, Konzeption, Konkretisierung und Umsetzung verschiebt sich mit jeder Ablaufphase zunehmend von der methodischen Durchführung hin zum physischen Artefakt als deren Ergebnis. Während zu Beginn die stringente Anwendung von Verfahren und Werkzeugen zur Analyse und Gestaltung erfolgt, um Entscheidungsgrundlagen für die Bewertung der Anwender zu generieren, stehen mit zunehmendem Fortschritt die entstandenen Prototypen und deren Bewertungsergebnisse im Vordergrund. Diese Vorgehensweise vermeidet literaturbasierte Gestaltung und rückt die Meinung der Anwender in den Mittelpunkt. Abbildung 15 zeigt die Verschiebung des Fokus in Abhängigkeit der jeweiligen Gestaltungsphase.

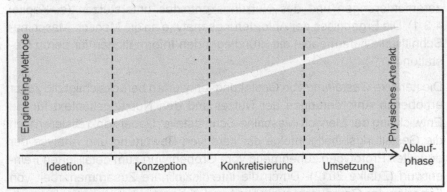

**Abbildung 15: Fokus in den Ablaufphasen der Engineering-Methode**
*Quelle:*          *eigene Darstellung*

## 4.2.2 Basiselemente der nutzerzentrierten Gestaltung

In der Literatur existieren viele verschiedene Varianten von Vorgehensmodellen für die nutzerzentrierte Entwicklung (vgl. Kapitel 3.4.2), die sich alle auf die vier grundlegenden Elemente *Analyse, Gestaltung, Prototyping und Evaluation* reduzieren lassen. Deren iterative Anwendung zur Lösung einer Problemstellung sichert ein zufriedenstellendes Gestaltungsergebnis aus Sicht der Anwender (Norman 2013). Dieser Erkenntnis folgend verwendet die zu entwickelnde Engineering-Methode diese vier Basiselemente zur Strukturierung der identifizierten Ablaufphasen. Die folgenden Abschnitte beschreiben die Inhalte und Zusammenhänge der aufgezeigten Basiselemente.

Die iterative *Analyse* der Anwenderbedürfnisse in den verschiedenen Phasen der Gestaltung stellt einen zentralen Aspekt für die Ermittlung der richtigen Anforderungen von potenziellen Anwendern und des Nutzungskontextes dar. Die zu Beginn der Engineering-Methode erhobenen Anforderungen können im weiteren Verlauf durch die Analyse der Evaluationsergebnisse aus der vorherigen Ablaufphase erweitert und hinsichtlich des aktuellen Entwicklungsstandes angepasst werden. Die Ideen und Spezifikationen gewinnen mit jeder Iteration an Klarheit und lassen sich dadurch gezielter und effizienter formulieren (Norman 2013). In der Literatur existieren verschiedene Verfahren und Werkzeuge, die eine Analyse der Nutzeranforderungen und des Nutzungskontextes unterstützen (s. Kapitel 4.3.1). Die Ergebnisse der Anforderungsanalyse an die Mensch-Maschine-Schnittstelle liefern dabei die grundlegenden Informationen für deren Gestaltung.

Die iterative *Gestaltung* von Gestaltungsentwürfen berücksichtigt die zuvor erhobenen Anforderungen der Nutzer und den Nutzungskontext für die Entwicklung der Mensch-Maschine-Schnittstelle. Dabei konkretisieren sich die Gestaltungsinhalte infolge der iterativen Bewertung und Analyse der erstellten Prototypen zunehmend vom Grobentwurf zum detaillierten Feinentwurf (Zühlke 2012). Durch die interdisziplinäre Zusammenarbeit von Experten der Gebrauchstauglichkeit und Arbeitsgestaltern entstehen verschiedene Konzepte der Mensch-Maschine-Schnittstelle. Unter Beachtung der Analyseergebnisse erfolgt so eine fokussierte Anpassung der identifizierten Schwerpunkte (Sarodnick und Brau 2016). Eine erfolgreiche Entwurfsgestaltung wird durch verschiedene Verfahren und Werkzeuge (vgl. Kapitel 4.3.3) unterstützt und bildet die Basis für die Prototypen.

Das iterative *Prototyping* dient dazu, die aus den Anforderungen der Anwender heraus entstandenen Gestaltungsentwürfe in greifbare Formen umzusetzen. Durch die Verwendung von physischen Prototypen besteht die Chance, verborgene Anforderungen zu identifizieren, die ohne eine direkte Interaktion unsichtbar bleiben. Gleichzeitig entstehen Ideen für alternative Konzepte, die eine Überarbeitung der ursprünglichen Gestaltungsentwürfe unter Einbindung der Meinung zukünftiger Anwender ermöglichen. Dadurch lassen sich richtungsweisende Konzeptentscheidungen am greifbaren Beispiel diskutieren und gemeinsam festlegen (Kumar 2013). Es existieren verschiedene Verfahren und Werkzeuge zur Erstellung von Prototypen (vgl. 4.3.3), die als Basis für Evaluation der Gestaltungsentwürfe durch die zukünftigen Anwender dienen.

Mit Hilfe einer iterativen *Evaluation* der entstandenen Prototypen lassen sich Rückschlüsse auf vorhandene Gestaltungspotentiale und bisher unklare Anforderungen der Anwender ziehen. Vor diesem Hintergrund testen und bewerten zukünftige Anwender die vorhandenen Prototypen hinsichtlich deren zukünftigen Verwendung (Norman 2013). In der Literatur lassen sich vielfältige Verfahren und Werkzeuge für die kontextspezifische Evaluation von gebrauchstauglichen Mensch-Maschine-Schnittstellen finden (vgl. Kapitel 4.3.4). Die Ergebnisse dieser Bewertung bilden die Grundlage für die Analyse der folgenden Ablaufphase bis das gewünschte Ergebnis erreicht ist. Abbildung 16 zeigt die resultierende Grundstruktur der Engineering-Methode.

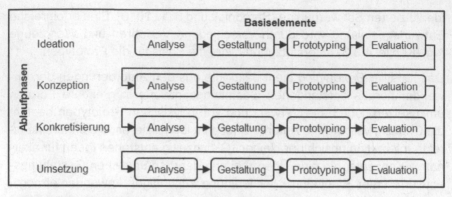

**Abbildung 16: Grundstruktur der Engineering-Methode**
*Quelle:          angelehnt an Hoffmann (2010)*

## 4.3   Auswahl der Verfahren und Werkzeuge für die Methode

In der Literatur lassen sich vielfältige Verfahren und Werkzeuge finden, die im Rahmen einer nutzerzentrierten Gestaltung zum Einsatz kommen können. Mit der DIN SPEC 91328 (2016) existieren Empfehlungen für besonders ressourcenschonende Verfahren im Zuge einer nutzerzentrierten Gestaltung gebrauchstauglicher Systeme, die als Grundlage dienen. Hierbei beschreiben Verfahren z.B. Fragebögen, während Werkzeuge die konkrete Form der Anwendung eines Verfahrens, d.h. den explizit verwendeten Fragebogen, darstellen.

Die nächsten Abschnitte stellen verschiedene Verfahren zu den identifizierten Basiselementen Analyse, Gestaltung, Prototyping sowie Evaluation vor und prüfen diese auf Anwendbarkeit im Rahmen der Engineering-Methode. Hierfür erfolgt ein Vergleich der Eigenschaften betrachteter Verfahren und Werkzeuge mit den erhobenen Anforderungen aus Kapitel 3.3.2 und 3.3.3. Zusätzlich werden die dargestellten Verfahren und Werkzeuge den Ablaufphasen Ideation, Konzeption, Konkretisierung und Umsetzung im Hinblick auf deren Einsatz zugeordnet. Die resultierenden Verfahren und Werkzeuge bilden die Basis für die Detailbeschreibung der Engineering-Methode.

## 4.3.1 Analyse von Anforderungen und Nutzungskontext

Die Erhebung der Anforderungen von zukünftigen Nutzern eines zu entwickelnden Systems und dessen Nutzungskontext stellt ein grundlegendes Element der nutzerzentrierten Engineering-Methode dar. Um ein Verständnis für den Nutzer, deren Bedürfnisse und den Nutzungskontext zu erlangen, ist es notwendig, die Anforderungen an ein System zu analysieren. Dabei hat die Analysephase bei der Entwicklung eines neuen Systems zum Ziel, strukturierte Informationen für die Gestaltungsphase bereit zu stellen (Zühlke 2012).

### 4.3.1.1   Ziel der Anforderungs- und Nutzungskontextanalyse

Die Analyse des Nutzungskontextes und der Nutzeranforderungen an ein zu entwickelndes System stellen die Grundlage für die Gestaltung und Evaluation von Produkten dar. Wichtige Informationen zum Nutzungskontext umfassen die verschiedenen Benutzergruppen und deren Merkmale, Ziele und Arbeitsaufgaben sowie die eigentliche Anwendungsumgebung des zu entwickelnden Systems, während sich die Nutzungsanforderungen aus den Bedürfnissen der Anwender und dem eigentlichen Nutzungskontext ergeben.

Zur Sicherstellung der Qualität von aufgenommenen Daten und Gewährleistung einer Bewertung anhand der definierten Anforderungen, können verschiedene Verfahren und Werkzeuge in den einzelnen Ablaufphasen der Analyse zum Einsatz kommen. Dabei besteht die Hauptaufgabe der Analyse darin, Informationen über den aktuellen Kontext zu sammeln und darauf aufbauend den Anwendungskontext des zukünftigen Systems festzulegen (DIN EN ISO 9241-210).

### 4.3.1.2   Verfahren und Werkzeuge für die Analyse von Anforderungen und Nutzungskontext

Zur Unterstützung einer Anforderungsanalyse existieren verschiedene, ressourcenschonende Verfahren wie Aufgabenanalyse, Beobachtung, Kontextanalyse, Fokusgruppe, Fragebogen, Interview, Nutzungsszenario und Persona (DIN SPEC 91328). Die nächsten Abschnitte stellen diese

Verfahren vor und diskutieren deren Anwendbarkeit innerhalb der zu entwickelnden Engineering-Methode.

## Aufgabenanalyse

Ziel der Aufgabenanalyse ist die Untersuchung der typischen Aufgaben eines Anwenders während der Verwendung eines Systems. Dabei werden die Arbeitsabläufe und deren Reihenfolge, Schnittstellen zu technischen Systemen und benötigte Informationen der Anwender gesammelt und analysiert. Ein wesentliches Ergebnis dieses Verfahrens stellen Modelle, z.B. hierarchische Strukturbäume dar, die einen Überblick zu den Abläufen und Aufgaben des Anwenders im Rahmen seiner Tätigkeit liefern. Dabei unterstützen weitere Verfahren wie Beobachtungen und Interviews die Datenerhebung von Aufgaben und der Rahmenbedingungen (DIN SPEC 91328).

Die Aufgabenanalyse ist vom Produktverantwortlichen durchzuführen und verlangt keine besonderen Vorkenntnisse. Mit einer geringen Durchführungsdauer und Zugang zur potenziellen Nutzergruppe stellt dieses Verfahren eine geeignete Möglichkeit für Planer und Entwickler in der Industrie dar, um Informationen über den Anwendungskontext und die grundsätzlichen Aufgaben der potenziellen Zielgruppe eines Systems strukturiert aufzuarbeiten. Für eine solide Ausgangsbasis eignet sich die Aufgabenanalyse vor allem in den frühen Phasen der Entwicklung. Der Einsatz weiterer Verfahren und Werkzeuge zur Ergänzung dieser Datengrundlage wird allerdings als sinnvoll erachtet (Diaper und Stanton 2004; DIN SPEC 91328).

## Beobachtung

Zur Ermittlung von Anforderungen, die sich aus dem Nutzungskontext der Anwendungsumgebung ableiten, besteht die Möglichkeit der direkten Beobachtung zukünftiger Anwender im Anwendungsfeld. Beobachtungen erfolgen direkt oder indirekt. Direkte Beobachtungen zeichnen sich durch eine aktive Teilnahme in der Anwendungsdomäne aus und können direkt von Produktgestaltern durchgeführt werden. Diese Vorgehensweise eignet sich vor allem, wenn noch kein bestehendes (Assistenz-)System verfügbar ist und die Potenziale für dessen Einsatz erst erarbeitet werden. Bei der iterativen Weiterentwicklung bereits verfügbarer Produkte lassen sich mittels indirekter Beobachtung der Anwender Optimierungspotentiale für die Handhabung eines Systems im Anwendungskontext identifizieren. Diese Vorgehensweise eignet sich allerdings weniger, wenn noch keine bestehende Lösung existiert (Rogers et al. 2015; Maciaszek 2008).

Beobachtungen erfordern einen mittleren zeitlichen Aufwand und liefern oft nur unvollständige Informationen. Der Einsatz ergänzender Verfahren und Werkzeuge ist daher sinnvoll und ratsam, um ein umfangreiches Bild des Anwenderkontextes zu erlangen und die Anforderungen der Anwender an ein System aufzunehmen (Zühlke 2012).

*Interview*

Interviews können unstrukturiert, strukturiert oder teilstrukturiert ablaufen. Während unstrukturierte Befragungen einen hohen Aufwand bei der Auswertung und Vergleich der aufgenommenen Daten mit sich bringen, benötigen strukturierte Interviews höhere Ressourcen in der Vorbereitung eines Interviewleitfadens. Eine gute Alternative stellen teilstrukturierte Interviews dar, die sich vor allem zur frühen Aufnahme und Erstellung von Anforderungen potenzieller Anwender eines neuen Systems sowie zu Sensibilisierung weiterer Stakeholder in der Anwendungsumgebung eignen (Rogers et al. 2015).

Für die Anwendung dieses Verfahrens sind vermeintlich hohe Kompetenzen des Interviewers und Vorwissen bei der Erstellung eines Interviewleitfadens erforderlich. Gleichzeitig begünstigt die Möglichkeit des direkten Feedbacks durch gezielte Fragen die Aufnahme qualitativ hochwertiger Informationen (Zühlke 2012). Die Kombination des teilstrukturierten Interviews mit einer teilnehmenden Beobachtung im Rahmen einer Kontextanalyse kann den hohen Ressourcenaufwand im Vergleich zur Einzelanwendung reduzieren.

*Kontextanalyse*

Die Kontextanalyse kombiniert die Verfahren teilnehmende Beobachtung und halbstrukturiertes Interview miteinander und eignet sich besonders bei einer gegenseitigen Abhängigkeit von Anwendungsumgebung und dem zu entwickelnden System. Während der Produktverantwortliche im Rahmen einer teilnehmenden Beobachtung passiv Informationen zu möglichen Anforderungen an ein System aufnimmt, die sich aus den beobachteten Tätigkeiten potenzieller Anwender ergeben, ermöglichen die halbstrukturierten Interviews direkte Nachfragen beim Anwender. Dadurch besteht die Möglichkeit, aufkommende Fragen direkt anzusprechen, zusammen mit den potenziellen Nutzern zu diskutieren und die Beobachtungsergebnisse durch zusätzliche Informationen zu ergänzen (Maciaşzek 2008; DIN SPEC 91328).

Voraussetzungen für dieses Verfahren stellen erste Kenntnisse zu den potenziellen Benutzern des zu entwickelnden Systems und dessen Einsatzgebiet. Die Kombination beider Verfahren stellt zudem eine ressourcenschonende Vorgehensweise dar, da sich die Zeit der Datenaufnahme für potenzielle Anwender infolge der parallelen Durchführung minimiert (DIN SPEC 91328).

*Fokusgruppe*

Fokusgruppen stellen moderierte Gruppendiskussionen mit drei bis zehn ausgewählten repräsentativen Teilnehmern einer Zielgruppe dar. Durch eine konkret formulierte Zielsetzung moderiert der Produktentwickler die Fokusgruppe und kann Konflikte, Erwartungen und Anforderungen an ein System zusammen mit den Teilnehmern identifizieren und diskutieren. Fokusgruppen eignen sich zur Untersuchung von Gemeinschaftsanforderungen einer Zielgruppe, da die teilnehmenden Personen interagieren und wodurch neue Blickwinkel entstehen. Vor diesem Hintergrund bietet sich die Möglichkeit, auch sensible Themen in einem geschützten Umfeld darzulegen und zu diskutieren sowie ein gemeinsames Verständnis zu entwickeln. Durch die Gruppendiskussion liefert dieses Verfahren detailliertere und vor allem konsolidierte Anforderungen an ein System als eine herkömmliche Befragung (Rogers et al. 2015; DIN SPEC 91328).

Diese Vorgehensweise gestaltet sich sehr flexibel und erfordert wenige Vorkenntnisse. Der Moderator sollte zwischenverschiedenen Arten von Teilnehmern unterscheiden können, dominante Teilnehmer bremsen und ruhige Teilnehmer zur Meinungsäußerung ermutigen. (Rogers et al. 2015)

Durch einen geringen Ressourceneinsatz eignet sich dieses Verfahren besonders für den industriellen Einsatz.

*Lösungssuche*

Die Ergebnisse der Funktionsanalyse können dazu genutzt werden, bestehende Lösungen auf dem Markt oder im eigenen Unternehmen hinsichtlich ihrer Eignung für die Erfüllung der Anforderungen von Anwendern und des Nutzungskontextes zu untersuchen. Durch die systematische Analyse bewährter Lösungen und Erfahrungen entsteht eine Basis für die Anpassung einzelner Elemente und gezielte Variationen. Eine weitere Möglichkeit besteht in der Recherche und Auswertung vorhandener Informationen zum Stand der Technik. Mittels Literaturanalyse lassen sich bestehende Richtlinien, Normen und Patente identifizieren und deren Anwendung im Kontext des eigenen Vorhabens überprüfen (Pahl et al. 2006).

Beide Varianten stellen ein bewährtes Mittel in der zweiten Phase der Engineering-Methode dar, um neben den intuitiv erstellten Gestaltungsvarianten ebenso bestehendes Wissen und vorhandene Lösungsansätze in die Entwicklung erster Prototypen einfließen zu lassen.

*Dokumentenanalyse*

Durch die Analyse von Handbüchern und anderen Dokumenten, wie Tätigkeits- oder Prozessbeschreibungen lassen sich wertvolle Zusammenhänge, Regelungen, Aufgaben und Tätigkeitsabläufe erheben. Dieses Verfahren sollte allerdings nicht als einzige Quelle verwendet werden, da die Abläufe in der Praxis oft abweichen und andere Anforderungen zur Folge haben. Eine rein idealisierte Darstellung reicht somit nicht aus und fordert eine Analyse der täglichen Praxis. Die Dokumentenanalyse eignet sich für einen ersten Überblick auf dem mittels weiterer Verfahren aufgebaut werden kann (Rogers et al. 2015).

Durch die explorative Recherche in verschiedenen Unternehmensquellen für Informationen zu potenziellen Anwendern eines Systems ist die Dokumentenanalyse zeitaufwendig und lässt sich nur unzureichend standardisiert durchführen. Die Ergebnisse besitzen zudem wenig Aussagekraft über die realen Vorgänge und Abläufe innerhalb der Anwendungsumgebung. Ein ressourcenschonender Einsatz dieses Verfahren ist daher nur bedingt möglich.

*Nutzungsszenarien*

Nutzungsszenarien beschreiben eine typische Abfolge von Aufgabeninhalten und Interaktionen, die während der Nutzung eines Systems auftreten können. Dabei fokussieren sich die informellen Darstellungen auf die Handlungsziele und Aufgaben aus der Anwenderperspektive und lassen konkrete technische Lösungen außen vor. Mit dem Ziel, die Anforderungen an ein System und mögliche Gestaltungslösungen iterativ zu konkretisieren ermöglicht dieses Verfahren die Validität von Anforderungen über die verschiedenen Entwicklungsphasen hinweg zu überprüfen und deren Plausibilität zu beurteilen. Sich wiedersprechende Anforderungen lassen sich so bewerten und priorisieren. Eine Begrenzung der dargestellten Interaktionen begünstigt dabei die Handhabbarkeit der entstandenen Szenarien (DIN SPEC 91328).

Die Erstellung und Diskussion von Nutzungsszenarien mit potenziellen Anwendern ermöglichen eine effiziente Darstellungsform von möglichen Aufgaben und Interaktionen der potenziellen Anwender mit dem zu entwickelndem System. Durch die iterative Anpassung der Anwendungsszenarien lässt sich dieses Verfahren prozessbegleitend über mehrere Phasen verwenden (DIN SPEC 91328).

*Persona*

Die Erstellung von Persona dient der abstrakten Darstellung verschiedener Stakeholder und deren abweichender Vorstellungen bei der Umsetzung eines Systems mit Hilfe von Steckbriefen. Durch die Beschreibung von spezifischen Eigenschaften, Anwendungskontexten und weiteren relevanten Aspekten entstehen verschiedene Charakteristiken für die Projektbeteiligten, die sich im Rahmen von Interviews und Beobachtungen stetig erweitern können.

Persona werden oft in Verbindung mit Nutzungsszenarien und bei der Gestaltung von Softwareoberflächen mit verschiedenen Nutzergruppen angewendet. Für die Gestaltung von tangiblen Mensch-Maschine-Schnittstellen in einem spezifischen Anwendungskontext scheint dieses Verfahren daher weniger geeignet. Zudem ist der initiale Aufwand für die Erstellung einer Persona erheblich höher als deren iterative Anpassung im weiteren Verlauf der Systementwicklung (Cooper et al. 2014; DIN SPEC 91328).

### 4.3.1.3 Auswahl geeigneter Verfahren für die Analyse in der Engineering-Methode

Die vorgestellten Verfahren für die Analyse der Anforderungen potenzieller Anwender und deren Nutzungskontext im Hinblick auf ein zu entwickelndes System besitzen unterschiedliche Eigenschaften, die sich auf deren Anwendbarkeit im untersuchten Einsatzfeld auswirken. Tabelle 9 bewertet die vorgestellten Verfahren und Werkzeuge für die Anforderungs- und Nutzungskontextanalyse hinsichtlich der identifizierten Anforderungen aus der betrieblichen Praxis und ordnet diese den möglichen Einsatzphasen innerhalb der Engineering-Methode zu.

**Tabelle 9:** Vergleich der Verfahren zur Analyse der Anforderungen an die tMMS
*Quelle:* *eigene Darstellung*

| Verfahren/ Werkzeug | Anwendungsphase | | | | Anforderungen der Anwender | | |
| --- | --- | --- | --- | --- | --- | --- | --- |
| | Ideation | Konzeption | Konkretisierung | Umsetzung | Standard-verfahren | geringer Zeitaufwand | einfache Auswertung |
| Aufgabenanalyse | ● | ◑ | ◑ | ○ | ● | ● | ● |
| Beobachtung | ● | ◑ | ◑ | ○ | ● | ◑ | ● |
| Interview | ● | ◑ | ○ | ○ | ● | ◑ | ● |
| Kontextanalyse | ● | ○ | ○ | ○ | ● | ● | ● |
| Fokusgruppe | ● | ● | ● | ● | ● | ● | ● |
| Lösungssuche | ○ | ● | ○ | ○ | ● | ● | ● |
| Dokumentenanalyse | ● | ○ | ○ | ○ | ◑ | ○ | ◑ |
| Nutzungsszenario | ● | ● | ● | ● | ● | ● | ● |
| Personas | ● | ● | ◑ | ◑ | ● | ◑ | ◑ |

Legende: ○ trifft nicht zu  ◑ trifft teilweise zu  ● trifft zu

In der Ablaufphase Ideation zeichnet sich eine Kombination der Verfahren Aufgabenanalyse, Kontextanalyse, Fokusgruppe und Nutzungsszenario ab. Durch den Mix verschiedener Verfahren, die den Anforderungen der Anwender (vgl. Kapitel 3.3.2) gerecht werden, lassen sich die Vor- und Nachteile der jeweiligen Verfahren ergänzen. Während bei der Aufgabenanalyse strukturierte Prozessabläufe und erste Informationen zu den potenziellen Anwendern entstehen, ergänzen die Ergebnisse der Kontextanalyse diese mit relevanten Informationen zum Nutzungskontext und Aufgabeninhalten in der Realität. Als Grundlage für die Strukturierung der

Befragung dient der Leitfaden Usability (Deutsche Akkreditierungsstelle 2010). Aufbauend auf diesen Erkenntnissen können die Anforderungen an das zu entwickelnde System im Rahmen von Fokusgruppen diskutiert und konsolidiert werden. Durch die gemeinsame Erstellung von Nutzungsszenarien mit zukünftigen Nutzern entsteht zudem ein gemeinsames Verständnis für die Gestaltung der Mensch-Maschine- Schnittstelle.

### 4.3.2 Gestaltung von gebrauchstauglichen tMMS

Die Gestaltung einer tangiblen Mensch-Maschine-Schnittstelle basiert auf den zuvor analysierten Anforderungen der Anwender und aus dem Nutzungskontext. Im Usability-Engineering existieren verschiede Gestaltungsprinzipien die, kombiniert mit Verfahren und Werkzeugen zur Erstellung von Gestaltungsvarianten und methodischen Vorgehensweisen zur Konstruktion aus den Ingenieurwissenschaften, eine Umsetzung der erhobenen Anforderungen an eine Engineering-Methode gewährleisten. Abgeleitet aus der finalen Datengrundlage aus Kapitel 3.2.2 stellen die folgenden Abschnitte Prinzipien, Vorgehensweisen und Verfahren sowie Werkzeuge vor, die den Anforderungen an eine Engineering-Methode zur Gestaltung tangibler Mensch-Maschine-Schnittstellen aus Kapitel 3.3 gerecht werden und ordnen diese den einzelnen Ablaufphasen zu.

### 4.3.2.1  Gestaltungsprinzipien

Durch die Anwendung und Hinterfragung von Gestaltungsprinzipien lassen sich schlecht gestaltete Produkte zum einen vermeiden und zum anderen die Ursachen für Fehlbenutzungen erforschen. Gutes Design erfordert demnach die Berücksichtigung der Anforderungen, Absichten und Wünsche potenzieller Anwender für jede Phase der Handhabung eines Systems. Die sieben Gestaltungsprinzipien nach Norman (2013) berücksichtigen die Bedürfnisse des Menschen bei der Gestaltung und Entwicklung von technologischen Produkten.

**Tabelle 10:**   Prinzipien zur Gestaltung gebrauchstauglicher Systeme
*Quelle:*        *eigene Darstellung nach Norman (2013)*

| Gestaltungsprinzip | Beschreibung |
|---|---|
| Sichtbarkeit | Der Anwender erhält die Möglichkeit, den aktuellen Zustand eines Systems eindeutig zu erkennen. |
| Rückmeldung | Das System ist in der Lage, den Anwendern Informationen über Ereignisse und Eingaben zurück zu melden. |
| Konzeptmodell | Konzeptionelle Modelle dienen zum Verständnis von Produkteigenschaften und zur Bewertung durch den Nutzer. |
| Kennzeichnung | Kenntlichkeit der vorhandenen, von den potenziellen Anwendern gewünschten Eigenschaften eines Systems. |
| Eindeutigkeit | Sicherstellen der effektiven Nutzung von Produkteigenschaften und Verständlichkeit der Rückmeldungen für den Anwender. Vermeidung von Komplexität. |
| Konformität | Gestaltung von Bedienoptionen und -eigenschaften, die den Erwartungen der Anwender entsprechen. |
| Vorgaben | Bereitstellen von physischen, logischen, semantischen und kulturellen Vorgaben für die Handhabung, um die Interpretation durch den Nutzer zu vereinfachen. |

Die vier grundlegenden Komponenten Funktion, Verständlichkeit, Gebrauchstauglichkeit und haptisches Gefühl besitzen einen hohen Einfluss auf die erfolgreiche Gestaltung eines Systems. In einigen Fällen kann das haptische Gefühl die ausschlaggebende Entscheidungsgrundlage für oder gegen die Anwendung eines Systems darstellen. Oft liegt der Fokus bei der Gestaltung von Produkten und Systemen entweder auf funktionalen oder auf gestalterischen Aspekten. Hier besteht die Herausforderung in der Gestaltung gebrauchstauglicher Produkte unter Berücksichtigung aller vier Komponenten (Norman 2004). Produkte sollten demnach nicht nur die Anforderungen an Technik, deren Herstellungsverfahren und Ergonomie erfüllen, sondern ebenso die Qualität der Interaktion und Formgestaltung beachten. Während Industriedesigner vor allem die Form und das Material von Produkten betrachten, fokussieren Interaktionsgestalter die Verständlichkeit und Verwendbarkeit von Produkten (Norman 2013). Für die Entwicklung von Systemen existieren verschiedene Verfahren und Werkzeuge, die im Rahmen einer nutzerzentrierten Anwendung die Gestaltung gebrauchstauglicher tangibler Mensch-Maschine-Schnittstellen unterstützen.

## 4.3.2.2    Methodische Ansätze zur Gestaltung von Arbeitsmitteln

Bullinger et al. (2013) systematisieren die ergonomische Gestaltung der tangiblen Mensch-Maschine-Schnittstelle von handgeführten Werkzeugen unter Beachtung der Anatomie des Menschen, der anthropometrischen Gegebenheiten der Anwender, physiologischen und kognitiven Eigenschaften der Nutzer sowie sicherheitsrelevanter Aspekte. Handgeführte Werkzeuge können dabei eine einhändige- oder beidhändige Kopplung über Griffkörper mit dem Anwender aufweisen und sich hinsichtlich Anzahl und Anordnung der notwendigen Griffe sowie deren Anforderungsgehalt unterscheiden (Abbildung 17).

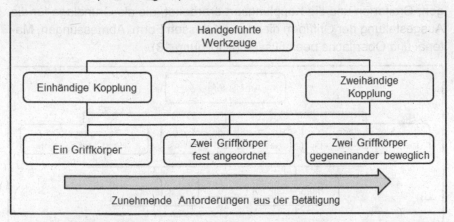

**Abbildung 17: Klassifizierung von handgeführten Werkzeugen**
*Quelle:*         *Bullinger et al. (2013)*

Bei der Entwicklung von Arbeitsmitteln unterscheiden Bullinger et al. (2013) zwischen der Gestaltung der Hand- und der Arbeitsseite. Hierbei beschreibt die Arbeitsseite alle Elemente eines Werkzeuges, die dem direkten Arbeitsfortschritt dienen, z.B. die Funktionsrichtung des Sägeblattes einer Säge. Die Handseite entspricht der tangiblen Mensch-Maschine-Schnittstelle, mit der ein Anwender interagiert. Dabei sind zur ergonomischen Gestaltung der Handseite die Einflussgrößen Körperstellung, Bewegungsform Hand-Arm, Bewegungsumfang, Handhaltung, Greifart, Kopplungsart, Griffform, Abmessungen, Material und Oberfläche zu beachten. Aus dem Kontext der Anwendungsumgebung und des Einsatzgebietes

entstehende Anforderungen an die Gestaltung der Arbeitsseite eines Ar-
beitsmittels können dabei Randbedingungen für die Gestaltung der Arbeitsseite zur Folge haben (Bullinger et al. 2013).

Bullinger et al. (2013) schlagen eine systematische, deduktive Vorgehensweise für die Gestaltung ergonomischer Handseiten von Arbeitsmitteln vor,
die eine Gestaltung von ergonomischen Griffen für Assistenzsysteme in
der Produktion vorsieht. Abhängig von den Ergebnissen der Aufgabenanalyse (vgl. Kapitel 4.3.1) findet im ersten Schritt eine Analyse der anatomi-
schen und physiologischen Einflussfaktoren auf die Gestaltung der Griffe
statt. Darauf aufbauend werden im zweiten Schritt mögliche Handhaltun-
gen, Greifarten und die Kopplungsart erarbeitet, die als Grundlage für die
Ausgestaltung der Griffform dienen und dessen Form, Abmessungen, Material und Oberfläche beeinflussen (Abbildung 18).

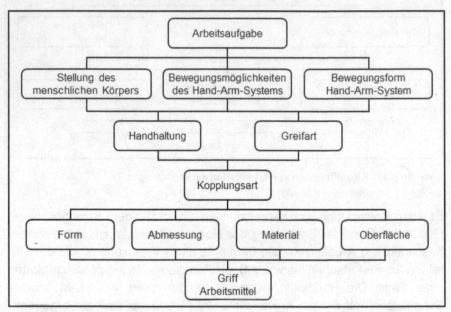

**Abbildung 18: Methodik zur Gestaltung von Griffen für Arbeitsmittel**
*Quelle:          angelehnt an Bullinger et al. (2013)*

Die Stellung des menschlichen Körpers lässt sich durch die Körperstellung
und die Körperhaltung beschreiben. Die Körperstellung repräsentiert die

Ausrichtung der Körperebenen bezogen auf den Körpermittelpunkt, während die Körperhaltung die Auslenkung der einzelnen Gelenke charakterisiert. Eine ergonomische Gestaltung berücksichtigt dabei die Möglichkeiten des menschlichen Bewegungsapparates bei der Anordnung von Griffen und Halteelementen. Daraus ergeben sich mögliche Auswirkungen auf die Handhaltung und Greifart, die zusammen mit der benötigten Kopplungsart die Gestaltungsgrundlage für das Arbeitsmittel bilden (Bullinger et al. 2013).

Für die Gestaltung von Griffen liefern die anthropometrischen Variablen der Anwender entscheidende Hinweise für die kontextspezifische Anpassung der Griffform und bilden damit eine wichtige Grundlage (Sáenz 2011). In Abhängigkeit der Greifart beeinflussen verschiedene Maße der Hand, wie Handlänge, Finger- oder Daumenbreite bzw. -länge, die Abmessungen eines Griffes (DIN 33402-2; Bullinger et al. 2013).

Sancho-Bru et al. (2003) untersuchen anhand eines validierten biomechanischen Modells den idealen Durch-messer von Werkzeuggriffen für Männer und Frauen. Ein optimaler Durchmesser ermöglicht den Anwendern die Handhabung des Werkzeuges mit minimalem Kraftaufwand. Dadurch werden die Muskeln beim Greifen und Halten des Werkzeuges nur minimal belastet und kumulative Traumata in Folge sich wiederholender Tätigkeiten vermieden. Da die meisten Werkzeuggriffe einen kreisförmigen Querschnitt aufweisen, modellieren Sancho-Bru et al. einen zylindrischen Griff, der mit Hilfe eines mathematischen Modells die Schätzung der durch die Muskeln resultierenden Klemmkräfte in Abhängigkeit der Handposition ermöglicht. Die Vorhersagen des Modells ergeben auf Grund unterschiedlicher Verläufe der Griffkraft einen idealen Durchmesser von 34 mm für Männer und 32 mm für Frauen (Sancho-Bru et al. 2003). Die gewonnenen Erkenntnisse bilden allerdings einen Mittelwert der untersuchten Population und gelten nur für den durchschnittlichen Benutzer als optimal.

Auf Grund dieser Erkenntnisse untersuchen Garneau und Parkinson (2012) die Möglichkeiten zur Verbesserung von Werkzeuggriffen hinsichtlich Steigerung des Komforts und der Anwendungssicherheit. Vor dem Hintergrund der variablen Werkzeuggestaltung und in Abhängigkeit der menschlichen Konstitutionen, kombinieren Garneau und Parkinson rigorose Gestaltungsverfahren mit statistischer Modellierung und Ergonomie. Die Forschung zeigt eine individuelle Dimensionierung mehrerer Größen von Werkzeuggriffen und liefert eine Gleichung für variable Griffdurchmesser von Zeige- und Mittelfinger sowie ein mathematisches Modell zur Berechnung der optimalen Anzahl an Griffvarianten. Im Ergebnis empfinden 95 Prozent der untersuchten Population Werkzeuggriffe mit vier bis fünf verschiedenen Griffgrößen als benutzerfreundlich (Garneau und Parkinson 2012).

Darauf aufbauend erforschen Harih und Dolšak (2013) die maximale Griffigkeit zur Verringerung der Belastungen im Hand-Arm-System und erweitern das Modell von Garneau und Parkinson (2012) um die Griffdurchmesser von Ringfinger und kleinem Finger. Mit Hilfe eines dreidimensionalen Modells der menschlichen Hand, abgeleitet aus einem 3D-Scan-Verfahren, zeigen Harih und Dolšak (2013) eine induktive Vorgehensweise zur Entwicklung von individuell angepassten Handwerkzeugen.

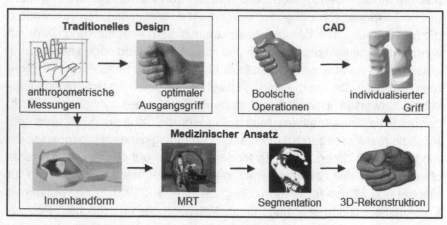

**Abbildung 19: Verfahren zur Entwicklung optimaler Griffformen**
*Quelle:        Harih (2014)*

Auf Grundlage der vier unterschiedlichen Griffdurchmesser entsteht in Abhängigkeit der verschiedenen Fingermaße ein abgestuftes, zylindrisches Modell welches die optimalen Durchmesser für einen Umfassungsgriff beinhaltet. Durch die Fixierung des Umfassungsgriffes eines Probanden und die anschließende Aufnahme mittels Magnetresonanztomographie (MRT) erfolgt die Digitalisierung der optimalen Handstellung. Mittels Anpassung der Grifffläche an die digitalisierte Hand im CAD entsteht ein individuell angepasster Griff, der anschließend mittels 3D-Druck hergestellt werden kann. Die vorgeschlagene Vorgehensweise ermöglicht die direkte Entwicklung von Werkzeuggriffen hinsichtlich anatomischer Formen und Größen, welche die Kontaktfläche maximiert, lokale Kontaktdrücke senkt und die subjektive Komfortbewertung im Vergleich zu zylindrischen Werkzeuggriffen erhöht. Im Gegensatz zu einem zylindrischen Griff, der nur den optimalen Durchmesser eines Fingers berücksichtigt, bietet ein anatomisch geformter Griff jedem Finger einen optimalen Durchmesser und kann so eine maximale willkürliche Kontraktion erreichen. Die Form des Griffes wirkt sich wesentlich auf die subjektive Komfortbewertung der Anwender aus. Anatomisch geformte Griffe werden im Vergleich zu zylindrischen Griffen deutlich besser bewertet (Harih und Dolšak 2014).

Auch wenn sich diese Vorgehensweise bei einer hohen Nutzervielfalt oder für komplexe Gestaltungsprojekte nur bedingt eignen (Harih, 2014; Harih und Dolšak, 2013), können die vorgestellten Ansätze, z.B. die fingerspezifische Anpassung des Griffdurchmessers, im Rahmen der Engineering-Methode angewendet werden.

Anschließend an die vorgestellten Vorgehensweisen für die Gestaltung von Griffformen von Arbeitsmitteln stellt der folgende Abschnitt verschiedene Verfahren und Werkzeuge vor, die eine Gestaltung einer gebrauchstauglichen tangiblen Mensch-Maschine-Schnittstelle unterstützen.

### 4.3.2.3 Verfahren und Werkzeuge zur Gestaltung gebrauchstauglicher tMMS

Zur Unterstützung der Gestaltung von Mensch-Maschine-Schnittstellen auf Grundlage der erhobenen Anforderungen im Rahmen der Analyse von Nutzungskontext und den Bedürfnissen der potenziellen Anwender existieren verschiedene Verfahren und Werkzeuge. Zunächst besteht die Herausforderung in der Identifikation verschiedener Funktionen, um die Anforderungen der zukünftigen Anwender an das System zu erfüllen. Hierfür lassen sich mit Hilfe einer Funktionsanalyse relevante Funktionen aus den erhobenen Anforderungen ableiten. Für die Gestaltung von Lösungen der identifizierten Funktionselemente eignen sich intuitive, d.h. stark einfalls-betonte Denkprozesse, und diskursive Ansätze, also bewusste Entschei-dungsprozesse. Kreativitätstechniken regen dabei intuitive Denkprozesse an und lassen verschiedene Lösungsvarianten entstehen, während diskur-sive Verfahren diese anschließend methodisch auswählen und kombinie-ren (Pahl et al. 2006). Zusätzlich sichert die Verwendung bestehender Richtlinien und Normen eine gebrauchstaugliche Gestaltung der tangiblen Mensch-Maschine-Schnittstelle. Die folgenden Abschnitte beschreiben und ordnen diese Hilfsmittel den verschiedenen Ablaufphasen zu.

*Funktionsanalyse*

Aufbauend auf den Ergebnissen der Aufgabenanalyse (Kapitel 4.3.1) bil-det die Funktionsanalyse in Verbindung mit den festgelegten Gestaltungs-zielen die Basis für die systemergonomische Gestaltung von Systemen (Schlick 2010). Das Prinzip der Aufgabenteilung innerhalb eines Systems beschreibt dabei die Zuordnung von Teilfunktionen und die Aufgabentei-lung zwischen unterschiedlichen sowie gleichen Funktionen. Dafür ist zu-nächst eine Funktionsstruktur sowie deren Variationen aufzustellen und anschließend hinsichtlich möglicher Substitutionsmöglichkeiten zu über-prüfen. Abhängig vom Anwendungskontext besteht die Möglichkeit, meh-rere Funktionen durch eine zu ersetzen oder eine Funktion in mehrere Funktionen aufzuteilen (Pahl et al. 2006). Die Analyse der Funktionsstruk-tur erfolgt im Rahmen von Neuentwicklungen oftmals iterativ, da Wechsel-wirkungen zwischen den erhobenen Anforderungen und erstellten Lö-sungsprinzipien entstehen können (VDI 2222).

*Intuitive Lösungsansätze - Brainstorming*

Produktgestalter finden die Lösungen für vorhandene Problemstellungen oft intuitiv, z.B. in Form von neuen Ideen. Diese Vorgänge lassen sich nur schwer vorhersehen, entstehen meist unterbewusst und lassen sich zeit-lich schwer kalkulieren. Intuitionsförderliche Verfahren wie das Brainstor-ming haben zum Ziel, gruppendynamische Vorgänge zu nutzen und dadurch zur Lösungsfindung beizutragen (Pahl et al. 2006).

Für die Ideengenerierung zur Gestaltung von tangiblen Mensch-Maschine-Schnittstellen eignet sich vor allem das Verfahren *Brainstorming*, die eine kritische Diskussion mit Kollegen zur Entstehung neuer Anregungen, Verbesserungen und Lösungen methodisch begleitet. Dabei produzieren aufgeschlossene Personen innerhalb einer Gruppe vorurteilslos verschiedene Ideen und regen sich dadurch gegenseitig an. Durch assoziierte Gedanken und Zusammenhänge infolge der Einfälle anderer Teilnehmer entstehen immer neue Ideen, die anschließend in der Gruppe diskutiert und ausgewertet werden. Die resultierenden Ergebnisse stellen in der Regel keine fertigen Lösungen dar und dienen der Ideensammlung (Pahl et al. 2006; Ehrenspiegel et al. 2014; Bullinger et al. 2013; Higgins und Wiese 1996).

Durch die ressourcenschonende Auf- und Nachbereitung sowie einfache Auswertung der Ergebnisse erfüllt dieses Verfahren die Anforderungen der betrieblichen Praxis und eignet sich daher für den Einsatz innerhalb der Engineering-Methode. Vor allem im Rahmen der Ideation entstehen mit Hilfe dieser Verfahren verschiedene Gestaltungsideen als Grundlage für die weitere Entwicklung der tangiblen Mensch-Maschine-Schnittstelle.

*Diskursive Lösungsverfahren*

Die Anwendung diskursiver Lösungsverfahren ermöglicht eine bewusste und schrittweise Lösungsgenerierung. Mit der systematischen Betrachtung der Einzelkomponenten eines Systems erschließen sich Zusammenhänge verschiedener Gestaltungsvarianten für mögliche Kombinationen. Dabei stellen Ordnungsschemata und der *morphologische Kasten* zwei in der Praxis anerkannte Vertreter von diskursiven Lösungsverfahren dar. Ordnungsschemata eignen sich zur systematisierten und geordneten Darstellung von Informationen zu verschiedenen Lösungsansätzen. Dazu wird das Gesamtsystem in Teilaspekte unterteilt und anschließend verschiedene Lösungsmöglichkeiten für die einzelnen Teilschritte erarbeitet. Durch die geordnete Visualisierung der einzelnen Lösungsmerkmale lassen sich Erweiterungs- und Verknüpfungsmöglichkeiten einfach und effizient identifizieren. Für die Kombination von Teillösungen zu einer Gesamtlösung eignet sich vor allem der Morphologische Kasten nach (Zwicky 1989), eine

Sonderform der Ordnungsschemata und bewährtes Hilfsmittel in der methodischen Konstruktion (Ehrenspiegel et al. 2014; Pahl et al. 2006; Bullinger et al. 2013).

Die Anwendung des Morphologischen Kastens unterstützt Produktgestalter bei der effizienten Erstellung verschiedener Lösungskombinationen als Grundlage für die Entwicklung von Prototypen und deren anschließende Bewertung durch die Anwender.

*Gestaltungsrichtlinien*

Neben den Gestaltungsprinzipien für gebrauchstaugliche Systeme existieren verschiedene Richtlinien und Normen aus dem Bereich der Produkt- und Prozessergonomie, die es bei der Gestaltung von tangiblen Mensch-Maschine-Schnittstellen zu berücksichtigen gilt. Dazu zählen die Normen für ergonomische Grundlagen zur Handhabung und Nutzung technischer Erzeugnisse (DIN EN 894-3), anthropometrische Grundlagen für die Gestaltung von Stellteilen (DIN 33402-2) und Richtlinien zur gebrauchstauglichen Gestaltung von Benutzungsschnittstellen an technischen Anlagen (VDI 3850).

*Computergestützte Gestaltung*

Die Nutzung von CAD-Programmen unterstützt Produktverantwortliche bei der Konstruktion und Gestaltung von neuen Produkten und Systemen. Mit der Möglichkeit, die Herstellungstauglichkeit automatisch überprüfen zu lassen und Konzeptänderungen oder -varianten effizient einpflegen zu können, verringert sich der Entwicklungsaufwand und die Zahl an Iterationen im Vergleich zu herkömmlichen Entwicklungsprozessen. Zudem bieten sich Vorteile durch den Export verschiedener Dateiformate, die als Grundlage für die weitere Verarbeitung der entsprechenden Gestaltungsvarianten dienen. Durch das vorhandene Management dieser Varianten und die vielfältigen Anpassungsmöglichkeiten lassen sich zudem Herstellungs- und Gemeinkosten im Gestaltungsprozess senken (Ehrenspiegel et al. 2014).

Mit Hilfe einer computerunterstützen Gestaltung besteht die Möglichkeit, Kosten zu senken und effizient verschiedene Gestaltungsvarianten zu entwickeln. Dadurch erfüllt die computergestützte Gestaltung als Werkzeug zur Gestaltung tangibler Mensch-Maschine-Schnittstellen alle Anforderungen der betrieblichen Praxis.

## 4.3.2.4 Auswahl geeigneter Verfahren für die Gestaltung in der Engineering-Methode

Die vorgestellten Verfahren für die Gestaltung verschiedener Lösungskonzepte im Hinblick auf ein zu entwickelndes System besitzen unterschiedliche Eigenschaften, die sich auf deren Anwendbarkeit im untersuchten Einsatzfeld auswirken. Tabelle 11 zeigt die vorgestellten Verfahren und Werkzeuge für die Gestaltung gebrauchstauglicher tangibler Mensch-Maschine-Schnittstellen und ordnet diese den einzusetzenden Anwendungsphasen innerhalb der Engineering-Methode zu.

**Tabelle 11:** **Vergleich der Verfahren zur Gestaltung gebrauchstauglicher tMMS**
*Quelle:* *eigene Darstellung*

| Verfahren/ Werkzeug | Anwendungsphase | | | | Anforderungen der Anwender | | |
|---|---|---|---|---|---|---|---|
| | Ideation | Konzeption | Konkretisierung | Umsetzung | Standard-verfahren | geringer Zeitaufwand | einfache Auswertung |
| Funktionsanalyse | ● | ● | ● | ● | ● | ● | ● |
| Brainstorming | ● | ○ | ○ | ○ | ● | ● | ● |
| Gestaltungsrichtlinien | ○ | ● | ● | ● | ● | ● | ● |
| CAD | ○ | ○ | ● | ● | ● | ● | ● |
| Morpholog. Kasten | ○ | ○ | | | ● | ● | ● |

Legende:        ○ trifft nicht zu        ● trifft zu

Abgeleitet aus den Grundlagen für die Gestaltung komplexer Produkte wie Getriebe oder Motoren, lassen sich die vorgestellten Verfahren und Werkzeuge ebenso für die Gestaltung tangibler Mensch-Maschine-Schnittstellen anwenden, um den Planern und Entwicklern eine systematische Vorgehensweise bereitzustellen und damit die Anforderungen an Verfahren zur Gestaltung dieser zu erfüllen.

### 4.3.3  Prototyping als Verfahren zur Herstellung von tMMS

Prototypen dienen der Klärung von Anforderungen in Zusammenarbeit mit den zukünftigen Anwendern und eignen sich vor allem bei Neuentwicklungen (Baskerville et al. 2009; Pahl et al. 2006). Abhängig vom Einsatzgebiet können Prototypen verschiedene Formen annehmen. Einfache Prototypen, z.B. in Form von Papierprototypen, stellen erste Modelle für Präsentationszwecke dar. Ein evolutionärer Prototyp hingegen entwickelt sich im Laufe der Iterationen weiter und wird fortlaufend modifiziert. Jede Form des Prototyping dient dem Entwurf von Gestaltungsvarianten zur Informationsgewinnung hinsichtlich des Artefaktes und dessen Umgebung. Die Ansätze und Ausprägungen des Prototyping stellen somit einen wichtigen Aspekt bei der Gestaltung von Artefakten dar (Vaishnavi und Kuechler 2015). Mit Hilfe von Prototypen können Usability-Evaluationen in nutzerzentrierten Gestaltungsprozessen schon frühzeitig stattfinden und so dadurch hohe Gebrauchstauglichkeit des Endproduktes erreichen (Nielsen 1993). Zudem lassen sich durch die iterative Entwicklung und Erprobung von Prototypen Entwicklungskosten und Ressourcen bei der Gestaltung von Produkten einsparen (Rogers et al. 2015).

Um ein gemeinsames Verständnis von den verschiedenen Aufgaben von Prototypen, deren Ansätzen, Genauigkeit bei der Umsetzung und Ausrichtungen zu erhalten, beschreiben die nächsten Abschnitte die einzelnen Dimensionen näher. Vor dem Hintergrund der Gestaltung tangibler Mensch-Maschine-Schnittstellen erfolgen anschließend eine Einteilung physischer Prototypen und eine Zuordnung der jeweiligen Dimensionen zu den Ablaufphasen der Engineering-Methode. Abbildung 20 stellt die verschiedenen Ausprägungen der einzelnen Dimensionen und deren Zusammenhänge übersichtlich dar.

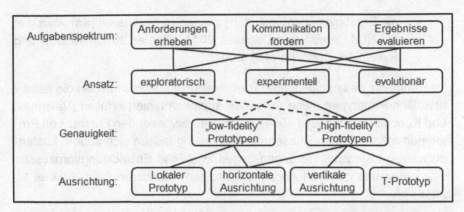

**Abbildung 20: Aufgaben, Ansatz, Genauigkeit und Ausrichtung von Prototypen**
*Quelle:* *angelehnt an Hoffmann (2010)*

#### 4.3.3.1 Aufgaben des Prototyping

Abhängig vom Einsatzgebiet können Prototypen verschiedene Aufgaben erfüllen. In den frühen Phasen einer Entwicklung dienen einfache Modelle ohne weitere Funktionalität zu Präsentationszwecken, während die Funktionalität von Prototypen im Laufe der Entwicklung zunehmen und eine Bewertungsgrundlage im nutzerzentrierten Entwicklungsprozess darstellen. Jede Form des Prototyping setzt verschiedene Eigenschaften eines Systems in Form von Gestaltungsvarianten modellhaft um, mit dem Ziel Informationen hinsichtlich des Artefaktes und dessen Umgebung zu gewinnen (Vaishnavi und Kuechler 2015). Die Ansätze und Ausprägungen des Prototyping stellen somit einen wichtigen Aspekt bei der Gestaltung von Artefakten dar. Aufgaben von Prototypen in nutzerzentrierten Entwicklungsprozessen können sein:

- die Anforderungen an das zu entwickelnde System zu erheben (Richter 2016; Rogers et al. 2015; Hartson und Pyla 2016; Baskerville et al. 2009; Pahl et al. 2006),
- die Kommunikation zwischen den Stakeholdern der Produktgestaltung zu fördern (Preim und Dachselt 2015; Rogers et al. 2015; Bertsche et al. 2007; Bullinger und Fähnrich 1997),

- die Ergebnisse der Gestaltungshasen zu evaluieren (Karwowski et al. 2011; Preim und Dachselt 2015; Richter 2016; Hartson und Pyla 2016; Bertsche et al. 2007).

Im Rahmen eines evolutionären Prototyping-Prozesses können die iterativ erstellten Prototypen diese Aufgaben auch kombiniert erfüllen (Vaishnavi und Kuechler 2015; Floyd 1984). Durch den begleitenden Einsatz von Prototypen ab den frühen Phasen der Gestaltung lassen sich zudem kostenaufwendige Systemänderungen gegen Ende des Entwicklungsprozesses vermeiden und dadurch Anpassungskosten reduzieren (van Kuijk et al. 2015).

### 4.3.3.2    Ansätze der Prototypenentwicklung

Prototypen lassen sich abhängig von der zu erfüllenden Aufgabe und der verfolgten Zielstellung verschiedenen Ansätzen zuordnen. Floyd (1984) unterteilt Prototypen in die Kategorien exploratives Prototyping, experimentelles Prototyping und evolutionäres Prototyping. Dabei handelt es sich beim explorativen- und experimentellen Prototyping um die Herstellung sogenannter Wegwerfprototypen. Ein evolutionärer Prototyp hingegen wird im Laufe der Iterationen modifiziert und fortlaufend weiterentwickelt (Vaishnavi und Kuechler 2015).

*Exploratorives Prototyping* adressiert grundlegende Kommunikationsschwierigkeiten zwischen Produktentwicklern und potenziellen Anwendern. Dabei werden die Anforderungen an das zu entwickelnde System erfasst, abgestimmt und darauf aufbauend einen Projektplan für die weitere Gestaltung erarbeitet. Aufbauend auf den erhobenen Anforderungen in der Analysephase erfolgt dies am Anfang eines nutzerzentrierten Gestaltungsprozesses oder zu Beginn einer neuen Iterationsphase. In diesem Zuge entstehen verschiedene Gestaltungsvarianten zu den gewünschten Funktionen und Eigenschaften des Systems, die als Hilfestellung zum Funktionsumfang des Zielsystems dienen (Floyd 1984). Aufbauend auf den Grundregeln des Brainstormings können mit Hilfe der *Galeriemethode* gezielte Lösungsvorschläge aus vorhandenen Ideen durch eine gemeinsame Lösungssuche entstehen. Dazu erläutert der Produktgestalter zunächst die Problemstellung und alle Teilnehmer eines Workshops erhalten die Möglichkeit, die gesammelten Ideen für die Mensch-Maschine-Schnittstelle zu zeichnen. Anschließend diskutieren die Teilnehmer über die umgesetzten Ideen und entwickeln diese assoziativ weiter. Im weiteren Verlauf integrieren die einzelnen Teilnehmer die entstandenen Hinweise, bevor alle entstandenen Lösungsvarianten präsentiert und erfolgsversprechende Ergebnisse ausgewählt werden (Pahl et al. 2006; Ehrenspiegel et al. 2014). Bezogen auf eine tangible Mensch-Maschine-Schnittstelle lässt sich diese Vorgehensweise adaptieren und die Zeichnungen der MMS durch den Einsatz von Modelliermasse zum Formen haptischer Elemente ersetzen. Die Ergebnisse der Galeriemethode lassen sich einfach dokumentieren und liefern verschiedene Gestaltungsvarianten als Grundlage für diskursive Verfahren in der Folgephase (vgl. Kapitel 4.3.2.3).

Der Ansatz des *experimentellen Prototyping* findet vorwiegend in den Entwurfsphasen eines Gestaltungsprozesses Anwendung, um die ausgewählten Gestaltungsvarianten hinsichtlich deren Umsetzbarkeit und Erfüllung der erhobenen Anforderungen an das System zu prüfen. Experimentelle Prototypen legen den Fokus auf bestimmte Funktionen und reduzieren dadurch den Ressourceneinsatz zur Herstellung eines bewertbaren Systems (Floyd 1984).

Beim *evolutionären Prototyping* erfolgt eine iterative Anpassung der entwickelten Prototypen an veränderte Anforderungen infolge der verschiedenen Evaluationsphasen. Entgegen der beiden anderen Prototyping Ansätze bleiben die verwendeten Prototypen erhalten und werden kontinuierlich bis zum finalen System weiterentwickelt. Durch die Analyse zu Beginn jeder Ablaufphase können veränderte Anforderungen und Bedingungen erfasst, in die Umsetzungsstrategie integriert und anschließend evaluiert werden (Floyd 1984).

### 4.3.3.3 Ausprägung von Prototypen

Abhängig vom verwendeten Prototyping-Ansatz und den verfolgten Zielen existieren verschiedene Ausprägungen hinsichtlich der Genauigkeit von Prototypen. Diese reichen von „low-fidelity", nicht-technischen Prototypen bis hin zu „high-fidelity", technisch funktionsfähigen Prototypen (Rogers et al. 2015).

*Low-Fidelity-Prototypen* besitzen nur grundlegende Eigenschaften eines Produktes zur Durchführung erster Tests und sind einfach und schnell herzustellen. Solche Modelle werden mit Materialien wie Karton, Holz, Modelliermasse oder andere einfache Modelle anstelle von elektronischen Bauteilen hergestellt und besitzen nur wenig Ähnlichkeit gegenüber dem Endprodukt. Dadurch lassen sich erste Ideen schnell modellieren, modifizieren und verschiedene Gestaltungsvarianten ohne hohen Kostenaufwand miteinander vergleichen. Dadurch eignet sich diese Form des Prototyping vor allem zur Ideengenerierung in den frühzeitigen Phasen der Entwicklung, ohne die Ergebnisse zwingend in das Engprodukt zu integrieren (Nielsen 1993; Rogers et al. 2015; Hartson und Pyla 2016).

*High-Fidelity-Prototypen* decken ein großes Funktionsspektrum ab und entsprechen weitestgehend dem Endprodukt. Mit Hilfe bestehender Hardware- und Softwarekomponenten erreichen diese Modelle eine hohe Funktionalität und decken das Funktionsspektrum des Zielsystems inklusive der erhobenen Anforderungen weitestgehend ab. Dies hat allerdings einen höheren Investitionsaufwand zu Folge und weitere Anpassungen lassen sich nur schwer umsetzen. Vor diesem Hintergrund eignen sich diese Modelle erst in den letzten Gestaltungsphasen und für die finale Bewertungen des entwickelten Systems durch zukünftige Nutzer in der Anwendungsumgebung (Nielsen 1993; Rogers et al. 2015; Hartson und Pyla 2016).

Der Einfluss von Low-Fidelity-Prototypen und High-Fidelity-Prototypen auf die Wahrnehmung und Bewertung durch den Benutzer hinsichtlich der Benutzerfreundlichkeit spielt dabei eine bedeutende Rolle. Benutzerantworten zu Low-Fidelity-Prototypen, z.B. Papierprototypen, fehlt es demnach an Aussagekraft. Zudem nehmen Anwender Gestaltungsobjekte als Ganzes wahr, sodass eine Unterscheidung in Form, Farbe und Textur nicht notwendig ist (Jung et al. 2010). Fertige Software- und Hardware-Elemente unterstützen die Herstellung von Prototypen und ermöglichen in der Endphase der Entwicklung auch eine kostengünstige Herstellung von High-Fidelity-Prototypen. Der Einsatz von Hardware- und Softwarebausätzen erleichtert dabei den Übergang vom Gestaltungsentwurf zu einem funktionierenden Prototyp (Rogers et al. 2015).

Verschiedene Studien untersuchen den Einfluss der Genauigkeit von Prototypen auf die subjektive Wahrnehmung der Gebrauchstauglichkeit (Sauer et al. 2010; Sauer und Sonderegger 2009). Dabei lassen sich kaum Effekte hinsichtlich der Prototypengenauigkeit oder der eingesetzten Entwicklungsstadien (frühzeitiger- und finaler Prototyp) erkennen. Vor diesem Hintergrund lässt sich die Gebrauchstauglichkeit von Prototypen schon in den frühen Phasen der Gestaltung mit geeigneten Messinstrumenten auswerten (Uebelbacher 2014).

#### 4.3.3.4 Ausrichtung von Prototypen

Weiterhin lassen sich Prototypen hinsichtlich der umgesetzten Funktionsinhalte in horizontale, vertikale und deren Kombination, in Form von T-Prototypen und lokalen Prototypen, unterscheiden (Rogers et al. 2015). Dabei stellen horizontale Prototypen den gesamten Funktionsumfang nach außen dar, ohne die einzelnen Funktionen im Detail umzusetzen, während vertikale Prototypen wenige, einzelne Funktionen in der finalen Form darstellen (Hartson und Pyla 2016).

*Horizontale Prototypen* eignen sich für einen Überblick des gesamten Funktionsumfanges in den Anfangsphasen einer Entwicklung. Diese Art von Modellen bietet eine frühe Produktübersicht, kann allerdings auf Grund der fehlenden Ausgestaltung keine hohe Funktionalität abbilden. Darüber hinaus lassen mit Hilfe von horizontalen Prototypen in Zusammenarbeit mit potenziellen Anwendern wesentliche Funktionen eines Systems identifizieren und nicht benötigte Funktionen verwerfen (Hartson und Pyla 2016; Nielsen 1993).

*Vertikale Prototypen* bieten die Möglichkeit, Details eines abgegrenzten Funktionsumfanges zu betrachten und diesen zu verstehen. Dafür werden nur einzelne Funktionen detailliert umgesetzt, um eine realistische Benutzer-interaktion zu gewährleisten. Dadurch können wichtige Informationen für die konkrete Umsetzung gesammelt und durch die Anwender im Rahmen der Evaluation bewertet und diskutiert werden. (Hartson und Pyla 2016; Nielsen 1993).

Sogenannte T-Prototypen kombinieren die Vorteile horizontal und vertikal ausgerichteter Prototypen miteinander und bieten einen guten Kompromiss für die Bewertung von Systemen. Auf der horizontalen Ebene bildet diese Modellvariante alle notwendigen Funktionen des Systems ab, während einige Funktionen auch vertikal, d.h. im Detail umgesetzt sind. Die Gestaltung eines horizontalen Prototyps bildet dabei einen guten Ausgangspunkt für die Ausgestaltung einzelner Funktionen zu einem T-Prototyp (Hartson und Pyla 2016).

Lokale Prototypen bilden den Schnittpunkt von horizontalen und vertikalen Prototypen und beschränken sich auf einen kleinen Teil der Mensch-Maschine-Interaktion. Lokale Modelle dienen zur Bewertung von Gestaltungsalternativen für bestimmte, isolierte Interaktionsdetails, wie der Griffform eines Assistenzsystems. Die Themenstellung ist dabei so eingegrenzt, dass sich weder eine vertikale, noch horizontale Ausrichtung eines Prototyps abbilden lässt. In diesem Zuge entstehen verschiedene Gestaltungsvarianten, die von potenziellen Anwendern bewertet und diskutiert werden. Aufbauend auf den Ergebnissen lässt sich der lokale Prototyp weiter in vertikaler oder horizontaler Richtung entwickeln. Abbildung 21 zeigt die möglichen Ausrichtungen in Abhängigkeit des Funktionsumfanges und deren abgebildeter Funktionalität.

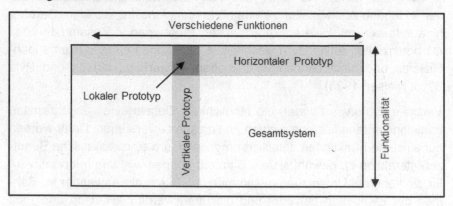

**Abbildung 21: Horizontale und vertikale Ausrichtung von Prototypen**
*Quelle:           in Anlehnung an Hartson und Pyla (2016)*

### 4.3.3.5    Physische Prototypen

Wenn physische Komponenten ein primäres Merkmal von Systemen darstellen, also eine Handbedienung erfordern, ist es notwendig, dass ein Prototyp diese Interaktion auch abbildet. Physikalische Prototypen bieten Entwicklern und Anwendern die Möglichkeit, ohne komplizierte Programmierung ein Gefühl für die tangible Mensch-Maschine-Schnittstelle zu entwickeln. Eine Simulation auf dem Bildschirm reicht für eine Beurteilung durch die Anwender nicht aus. Die beschriebenen Dimensionen von Prototypen unterstützen die Anwendung physischer Prototypen. In den frühen Phasen können Low-Fidelity Prototypen aus Modelliermasse, Kunststoff, Karton oder Holz zum Einsatz kommen, die in den weiteren Entwicklungsphasen mit einfachen 3D-Druckmodellen ergänzt und bis hin zum High-Fidelity Prototyp mit hardware- und softwaretechnischen Bausätzen weiterentwickelt werden. Dabei lassen sich einfache Bauteile wie Joysticks, Kippschalter und Drucktaster verwenden, um realistische tangible Mensch-Maschine-Schnittstellen zu gestalten. Physische Prototypen unterstützen auf Grund der Interaktionsmöglichkeiten die Bewertung der Gebrauchstauglichkeit und emotionaler Auswirkungen der Gestaltung auf die Anwender. Diese erhalten ein echtes Gefühl hinsichtlich der Handhabung eines Systems und beeinflussen die Gestaltungsergebnisse positiv (Hartson und Pyla 2016; Moggridge 2007; Wright 2005; Pering 2002; Preim und Dachselt 2015; Gibson et al. 2015).

Abhängig vom Zweck der Modellerstellung unterscheiden Bertsche et al. (2007) die Arten von physischen Prototypen hinsichtlich *Konzeptmodell*, *Geometriemodell* und *Funktionsmodell*.

*Konzeptmodelle* benötigen keine mechanischen Eigenschaften und dienen dazu, die Formgestalt eines Endproduktes weiterzuentwickeln. Durch die Bewertung verschiedener Gestaltungsvarianten erhalten Produktgestalter Rückmeldung von potenziellen Anwendern und integrieren diese in die nächste Entwicklungsphase.

*Geometriemodelle* dienen zur Abstimmung der endgültigen Formgestalt, berücksichtigen die Einhaltung von Maßen und Toleranzen und zeigen den

Funktionsumfang des Zielsystems. Dabei besteht keine Notwendigkeit, final eingesetzte Fertigungsmaterialen, Farben und mechanische Eigenschaften der dargestellten Funktionen umzusetzen.

Ein *Funktionsmodell* hingegen deckt alle späteren Funktionen ab, die den aufgenommenen Anforderungen der Anwender entsprechen. Anhand des entwickelten Prototyps evaluieren die zukünftigen Anwender die Gestaltung des Systems in der realen Anwendungsumgebung hinsichtlich der wahrgenommenen Gebrauchstauglichkeit und verifizieren dadurch das Ergebnis der Entwicklung.

### 4.3.3.6   Vorgehensweise beim Prototyping

Kumar (2013) beschreibt eine iterative Vorgehensweise zur Erstellung von Prototypen innerhalb eines Gestaltungsprozesses, die sich in die Engineering-Methode übertagen lassen. Der *erste Schritt* dient dazu, die Anforderungen an das System zu identifizieren, die sich auf die tangible Mensch-Maschine-Schnittstelle auswirken. Nach einer Auswahl von leicht zugänglichen Materialien, die eine Gestaltung verschiedener Varianten der Funktionen ermöglichen, erstellen Teammitglieder verschiedene Prototypen und diskutieren diese vor dem Hintergrund der aufgenommenen Anwenderbedürfnisse, Formfaktoren und Prinzipien der Produktergonomie. Der *zweite Schritt* dient zur Überprüfung alternativer Konzepte. Dadurch lassen sich ein oder mehrere Merkmale ausgestalten und von potenziellen Anwendern überprüfen, diskutieren und kombinieren. Die Rückmeldungen der Anwender fließen anschließend in die iterative Weiterentwicklung des Systems ein. Darauf aufbauend entstehen im *dritten Schritt* neue Gestaltungsvarianten mit weiteren Merkmalen, die das Zielsystem konkretisieren. Diese werden anschließend erneut innerhalb einer Gruppe von potenziellen Anwendern diskutiert und bewertet, um die Rückmeldungen in den weiteren Gestaltungsprozess zu integrieren. Die erhobenen Ergebnisse und Rückmeldungen fließen im *vierten Schritt* in die finale Umsetzung des Zielsystems, das anschließend von den Anwendern im Anwendungskontext evaluiert wird. Durch die prototypische Umsetzung von Gestaltungsideen erhalten Produktgestalter die Möglichkeit, iterativ am Produkt zu lernen und die Gestaltungsvarianten in Form von Prototypen direkt mit den Anwendern zu diskutieren, zu verfeinern und in der weiteren Entwicklung zu integrieren (Kumar 2013). Tabelle 12 ordnet die Prototypenarten den Phasen der Engineering-Methode zu und beschreibt die eingesetzten Technologien sowie die Ergebnisse der jeweiligen Ablaufphase.

**Tabelle 12:**   Einordnung der Prototypenarten in die Engineering-Methode
*Quelle:*        *eigene Darstellung*

| Ablaufphase | Prototypenart/-ausrichtung | Technologie | Ergebnis |
|---|---|---|---|
| Ideation | *Gestaltungsideen*, explorativ, horizontal, Low-Fidelity | Modelliermasse, Kunststoff, Karton | Modelle zu den erhobenen Funktionen in der Nutzer- und Nutzungskontextanalyse |
| Konzeption | *Konzeptmodell*, experimentell, lokal, Low-Fidelity | 3D-Druck, Kunststoff, Karton | Gestaltungsvarianten für die Griffform abgeleitet aus Analyse |
| Konkretisierung | *Geometriemodell*, evolutionär, horizontal, Low-Fidelity | 3D-Druck, Kunststoff | Pre-finales Griffmodell mit Varianten von Bedien- und Funktionselementen |
| Umsetzung | *Funktionsmodell*, evolutionär, T-Prototyp High-Fidelity | 3D-Druck, Fertigbausätze für Hardware und Software | finaler Griff mit funktionstüchtigen Bedien- und Funktionselementen |

### 4.3.4  Evaluation der Gebrauchstauglichkeit von tMMS

Im Rahmen der nutzerzentrierten Gestaltung von Systemen spielt die Evaluation der Gebrauchstauglichkeit eine entscheidende Rolle. Trotz zahlreicher Richtlinien zur ergonomischen Gestaltung unterscheidet sich die reale Anwendung oft von der Theorie, was eine frühzeitige Einbindung der Anwender in die Evaluation notwendig werden lässt, um ein besseres Verständnis für die Anwender und deren Bedürfnisse zu erlangen. Eine nutzerzentrierte, iterative Evaluation der Gestaltungsergebnisse bietet daher neue Informationen zu Anforderungen der Anwender, Rückmeldungen zu Stärken und Schwächen der erarbeiteten Gestaltungslösungen, Kontrolle des Umsetzungsgrades der erhobenen Anforderungen und Hinweise auf potenzielle Verbesserungen. Dadurch lassen sich neu entstandene Kriterien auf Basis der vorhandenen Gestaltungsentwürfe in die folgenden Ablaufphasen der Engineering-Methode berücksichtigen und die Mensch-Maschine-Schnittstelle zielgerichtet optimieren (DIN EN ISO 9241-210; Sáenz 2011; Ghasemifard et al. 2015).

Die folgenden Abschnitte beschreiben zunächst die Grundlagen der Usability-Evaluation und ausgewählte Verfahren und Werkzeuge zur Evaluation tangibler Mensch-Maschine-Schnittstellen, bevor diese abschließend den Ablaufphasen der Engineering-Methode zugeordnet werden.

### 4.3.4.1   Grundlagen der Usability-Evaluation

Das grundlegende Ziel der Usability-Evaluation ist es, Entwickler bei der Gestaltung nutzbarer Produkte zu unterstützen (Salvendy 2012). Während die Bewertung der Zwischenergebnisse innerhalb eines iterativen Designprozesses als formative Evaluation bezeichnet wird, gilt die Bewertung der Gesamtergebnisse am Projektende als summative Evaluation (Sarodnick und Brau 2016). Die formative Evaluation verfolgt das Ziel, mögliche Probleme hinsichtlich der Gebrauchstauglichkeit schon im Laufe der Produktentwicklung zu identifizieren und zu beheben (Rubin und Chisnell 2008), während eine summative Evaluation die Überprüfung im Vorfeld festgelegter Usability-Ziele am Ende der Produktentwicklung verfolgt (Dumas und Redish 1999). In den frühen Phasen der Produktentwicklung können fachbasierte Bewertungen von Produktgestaltern sinnvoll sein, solange kein Prototyp für eine Evaluation durch die Anwender vorhanden ist (Hornbæk et al. 2007). In diesem Fall sind die Anwender für die vergleichende Bewertung verschiedener Gestaltungsvarianten oder für die summative Bewertung eines Gesamtsystems auf Prototypenbasis heranzuziehen (Gediga et al. 2002).

Verfahren und Werkzeuge zur Usability-Evaluation lassen sich in empirische und analytische Verfahren unterscheiden. Empirische Verfahren, z.B. Usability-Tests und Fragebögen, gewinnen ihre Daten aus Befragungen oder Beobachtungen der Nutzer, analytische Verfahren hingegen infolge der Beurteilung des Untersuchungsgegenstandes durch Usability-Experten, z.B. mittels heuristischer Evaluation (Sarodnick und Brau 2016).

Die Festlegung von Bewertungszielen zu Beginn einer Entwicklung, an denen der Zielerreichungsgrad gemessen werden kann, beeinflusst die Wahl der eingesetzten Verfahren und der gemessenen Indikatoren. Für die Evaluation von Systemen existieren viele verschiedene Verfahren, deren individuellen Vor- und Nachteile sich teilweise gegenseitig ergänzen. Daher ist eine kombinierte Anwendung verschiedener Verfahren und Werkzeuge sinnvoll (Lindgaard 2006).

In der praktischen Anwendung verfolgen die Verfahren und Werkzeuge verschiedene Zielstellungen, zum einen die Identifikation von Usability-Problemen und zum anderen die Erhebung von Verbesserungsempfehlungen durch die Anwender. Dabei lassen sich die Verfahren in weitere Dimensionen wie Aufwand, Kosten, Ergebnisqualität oder erforderliches Fachwissen einteilen (Nielsen 1993; Hartson und Pyla 2016; Blandford et al. 2008; Maquire 2001) Die Bewertungen der Gebrauchstauglichkeit von Systemen bezieht sich stets auf die Schnittstelle der Interaktion zwischen Mensch und System. Expertenbasierte Evaluationsverfahren konzentrieren sich allerdings auf einzelne Merkmale eines Systems und können daher nur indirekte Schlüsse hinsichtlich deren Gebrauchstauglichkeit ableiten. Die direkte Interaktion der Gestaltungsvarianten mit den Anwendern und eine anschließende Bewertung über nutzerbasierte Evaluationsverfahren liefern daher eine genauere Rückmeldung potenzieller Verbesserungsmöglichkeiten in einem bestimmten Kontext (Uebelbacher 2014).

Der folgende Abschnitt berücksichtigt daher ausschließlich Verfahren und Werkzeuge zur Usability-Evaluation, die keine Usability-Experten benötigen. Neben den angeführten Argumenten gewährleistet dieses Vorgehen eine hohe Anwendbarkeit in der Praxis und sichert eine Verfahrensauswahl ab, die den Anforderungen aus der Praxis nach einer geringen Verfahrenskompetenz, einfachen Auswertung sowie schnellen Durchführung gerecht wird.

4.3.4.2    Verfahren und Werkzeuge der Usability-Evaluation von tMMS

In der Literatur existieren verschiedene, nutzerbasierte Evaluationsverfahren zur Bewertung der Gebrauchstauglichkeit von Systemen. Aufbauend

auf den Anforderungen der Anwender von nutzerzentrierten Vorgehensmodellen nach standardisierten Verfahren mit geringer Anwendungszeit
und einfacher Auswertung (vgl. Kapitel 3.5) stellen die nächsten Abschnitte
Verfahren und Werkzeuge vor, die diesen Anforderungen entsprechen und
diskutieren deren Anwendbarkeit innerhalb der Engineering-Methode.

*Fokusgruppe*

Fokusgruppen können neben der Analysephase auch zur Evaluation von
Systemen zur Anwendung kommen, um den Dialog zwischen Produktverantwortlichen und den Anwendern für realistische Verbesserungen der Gestaltungsentwürfe zu nutzen. In den frühen Phasen der Entwicklung unterstützen Kreativitätstechniken wie das Brainstorming die Generierung und
Priorisierung von Anforderungen. Mit vorhandenem Wissen aus der Anwendungsdomäne kann in diesem Stadium auch eine Expertengruppe die
Bewertung eines Systems anstelle der Anwender vornehmen (Sarodnick
und Brau 2016). Bei Fokusgruppen zur Eyaluierung von Gestaltungsentwürfen in den folgenden Phasen der Entwicklung steht die Konsolidierung
der verschiedenen Sichtweisen von Produktentwicklern und Anwendern im
Vordergrund. Die Anwender besitzen im Vergleich zu Fokusgruppen im
Rahmen der Analyse, wo eine gezielte Erhebung der Anforderungen im
Mittelpunkt steht, eine aktivere Rolle und interagieren mit den vorgestellten
Gestaltungsentwürfen. Mit Hilfe von weiteren Evaluationsverfahren wie
Fragebögen oder Bewertungsverfahren zur Auswahl von Gestaltungsvarianten, z.B. über eine Mehrpunktvergabe (Lindemann 2007), lassen sich
Fokusgruppen im Rahmen der Usability-Evaluation auf aktuelle Fragestel-
lungen in Abhängigkeit des Entwicklungsstandes anpassen und dadurch
in jeder Evaluationsphase anwenden (Preim und Dachselt 2015; Rogers
et al. 2015; DIN SPEC 91328).

Dieses Verfahren gestaltet sich sehr flexibel, erfordert wenige Vorkenntnisse und eignet sich durch einen geringen Ressourceneinsatz besonders
für den industriellen Einsatz. Durch die Diskussion in der Gruppe lassen
sich wichtige Erkenntnisse und Anwendermeinungen zum aktuellen Entwicklungsstand generieren und neue Anforderungen identifizieren (DIN
SPEC 91328).

*Usability-Test*

Durch den direkten Zugang zu genauen Problemstellungen hinsichtlich der Mensch-Maschine-Schnittstelle eines Systems zählen Usability-Tests laut Nielsen (1993) zu den wichtigsten Usability-Verfahren. Vor allem bei der summativen Evaluation eines Gesamtsystems durch die potenziellen Anwender eignet sich dieses Verfahren besonders (Blandford et al. 2008).

Der Usability-Test ermöglicht durch die Simulation eines realen Anwendungsszenarios die Messung der Anwenderleistung sowie deren Zufriedenheit (Nielsen 1993; Sarodnick und Brau 2016). Aus diesem Grund sehen sowohl Wissenschaftler als auch Praktiker den Usability-Test als zentrales Verfahren, um relevante Usability-Probleme zu identifizieren und die Gestaltung interaktiver Systeme dadurch maßgeblich zu verbessern (Bailey 1993; Lewis 2012; Thompson et al. 2004; Richter 2016; Wichansky 2000). In einigen Fällen wird der Begriff Usability-Test verwendet, um eine Technik für die Bewertung eines Systems zu beschreiben. Dies fordert eine klare Definition (Lewis 2012). Dumas und Redish (1999) definieren folgende fünf Kernaspekte, die einen Usability-Test charakterisieren: Datenerhebung zur Gebrauchstauglichkeit eines Systems, Integration potenzieller Anwender, Aufgabenorientierung durch die Anwendernutzung des getesteten Systems, Beobachtung des Anwenderverhaltens und die Datenanalyse hinsichtlich vorher festgelegter Kriterien. Die Durchführung dieses Verfahrens ermöglicht es, Usability-Probleme zu identifizieren, nicht aber die Gebrauchstauglichkeit des Systems zu testen (Wichansky 2000). Daher ist es notwendig, weitere Verfahren und Werkzeuge mit dem Usability-Test zu kombinieren, um eine Bewertung der System-Gebrauchstauglichkeit sicherzustellen (Uebelbacher 2014). Zudem sollten die Teilnehmer aus der Anwendungsdomäne des Systems rekrutiert werden (Rubin und Chisnell 2008), die realistische Aufgaben durchführen und relevante Funktionen testen, um die Wahrscheinlichkeit für die Entdeckung relevanter Usability-Probleme zu erhöhen (Nielsen 1993).

Die Ausgestaltung eines Usability-Tests kann unterschiedlich sein, da keine inhaltlichen Aspekte vorgeschrieben sind. Durch die Möglichkeit der Kombination mit verschiedenen Verfahren und Werkzeugen lassen sich qualitative Daten zu Verbesserungspotenzialen sowie quantitative Daten über die wahrgenommene Usability der Anwender erheben (Dicks 2002). Dadurch reichen die Einsatzmöglichkeiten, interaktive Prototypen vorausgesetzt, von frühen Phasen der Entwicklung bis hin zur summativen Bewertung finaler Systeme (Hall 2001). Usability-Tests können dabei sowohl in einer Laborumgebung als auch im Feld durchgeführt werden, um unter realistischen Anwendungsbedingungen zu testen (Rowley 1994).

Innerhalb der Engineering-Methode kommt der Usability-Test zur summativen Evaluation zur Anwendung, da erst in der Umsetzungsphase ein interaktiver Prototyp für beispielhafte Tests von funktionalen Anforderungen mit potenziellen Anwendern zur Verfügung steht. Die wahrgenommene Gebrauchstauglichkeit wird dabei in Kombination mit weiteren Verfahren, z.B. Lautes Denken oder Fragebögen, ermittelt.

*Lautes Denken*

Beim unterstützungsverfahren Lautes Denken (engl. Thinking aloud) erhält der Proband die Aufgabe, alle seine Gedankengänge während der Interaktion mit dem zu testenden System laut auszusprechen und zu beschreiben. Dadurch erhalten die Versuchsleiter wichtige Informationen zu Schwierigkeiten bei der Aufgabendurchführung, Begründungen für Tätigkeitsschritte sowie positive oder negative Eindrücke des Anwenders. Die Dokumentation der Hinweise findet mit Hilfe von Audio- oder Videoaufnahmen statt, kann aber auch schriftlich durch einen Beobachter erfolgen (Bortz und Döring 2009; Nielsen 1994).

Da die Anwendungsvoraussetzung eine Interaktion des Probanden mit einem interaktiven System darstellt, kommt dieses Verfahren ergänzend im Rahmen eines Usability-Tests zum Einsatz. Produktentwickler erhalten hierbei die Möglichkeit, nicht nur die reine Handlung der Probanden zu beobachten, sondern die Gründe für Schwachstellen in der Bedienung zu generieren. Bei der Durchführung dieses Verfahrens ist darauf zu achten, dass ein lautes Aussprechen der Gedanken nicht zu den gewohnten Tätigkeiten zählt und Unterbrechungen von den Probanden auftreten können. Versuchsleiter haben die Aufgabe diese Pausen in der Artikulation zu registrieren und zum lauten Denken aufzufordern (Konrad 2010; Nielsen 1993; Lewis und Mack 1982).

Abhängig von der Versuchsplanung existieren zwei verschiedene Ausführungen des Lauten Denkens. Dabei beschreibt Concurrent Thinking Aloud die Artikulation der Gedankengänge während der Interaktion mit dem getesteten System, während die Probanden ihre Gedanken beim Retrospective Thinking Aloud erst nach der eigentlichen Interaktion mitteilen (van Someren et al. 1994).

Lautes Denken lässt sich neben Usability-Tests auch in anderen Analyse- und Testverfahren anwenden, die eine Nutzerinteraktion mit einem Prototyp oder fertigen System vorsehen. Durch den geringen Aufwand bei der Durchführung des Verfahrens ist es für die Anwendung im produktionsnahen Umfeld geeignet.

*Fragebogen*

Das Konstrukt der Gebrauchstauglichkeit eines Systems umfasst laut DIN EN ISO 9241-11 (2017) die drei Dimensionen Effektivität, Effizienz und Zufriedenheit. Ein Produkt sollte demnach alle drei Dimensionen erfüllen, um eine hohe Gebrauchstauglichkeit zu erlangen. Zur Unterstützung der Entwicklung von gebrauchstauglichen Systemen haben zahlreiche Forscher versucht, geeignete Messinstrumente in Form von Fragebögen zu entwickeln, die das Verständnis und die Interpretation objektiver Daten aus dem Usability-Test erleichtern (Kortum und Peres 2014). Die vorhandenen Standardfragebögen zur Beurteilung der Gebrauchstauglichkeit und des Nutzererlebnisses lassen sich mit wenig Aufwand einsetzen, um Schwachstellen von lauffähigen Prototypen zu identifizieren oder deren Qualität zu überprüfen (Sarodnick und Brau 2016; Richter 2016). Viele dieser Fragebögen beziehen sich allerdings auf die Evaluation von Softwareanwendungen (vgl. Tabelle 13), sodass nur wenige Fragebögen für die Messung der Gebrauchstauglichkeit von tangiblen Mensch-Maschine-Schnittstellen in Frage kommen.

**Tabelle 13:**     Fragebögen zur Usability-Evaluation
*Quelle:*           *eigene Darstellung*

| Fragebogen | Gegenstand der Messung | Software | Hardware |
|---|---|---|---|
| SUMI (Kirakowski und Corbett 1993) | Gebrauchstauglichkeit | ● | ○ |
| IsoNorm 9241/10 (Prümper und Anft 1993) | Gebrauchstauglichkeit | ● | ○ |
| IsoMetrics (Gediga und Hamborg 1999) | Gebrauchstauglichkeit | ● | ○ |
| QUIS (Shneiderman und Plaisant 2004) | Gebrauchstauglichkeit | ● | ○ |
| UMUX (Finstad 2010) | Gebrauchstauglichkeit | ● | ○ |
| SUS (Brooke 1996) | Gebrauchstauglichkeit | ● | ● |
| AttrakDiff (Hassenzahl et al. 2003) | Gebrauchstauglichkeit, Nutzererlebnis | ● | ● |
| meCUE (Minge et al. 2017) | Gebrauchstauglichkeit, Nutzererlebnis | ● | ● |
| CQH (Kuijt-Evers et al. 2007) | Komfort von Griffen | ○ | ● |

Legende:     ○ trifft nicht zu     ● trifft zu

Die folgenden Abschnitte zeigen standardisierte Fragebögen, die eine Bewertung der tangiblen Mensch-Maschine-Schnittstellen hinsichtlich Komfort, Gebrauchstauglichkeit und Nutzererlebnis zulassen (engl.: User Experience) und den Anforderungen der betrieblichen Praxis entsprechen.

*Comfort Questionnaire for Handtools (CQH)*

Mit dem CQH stellen Kuijt-Evers et al. (2007) einen Fragebogen vor, der eine Bewertung des Komforts von Handgriffen ermöglicht. Der subjektiv wahrgenommene Komfort korreliert dabei stark mit der Benutzerleistung, weshalb dessen Bewertung in den frühen Phasen der Gestaltung zu besseren Gestaltungsergebnissen in der Folge beitragen kann (Kuijt-Evers et al. 2007). Dabei beschreibt der Komfort ein subjektiv wahrgenommenes Gefühl, das nur schwer über objektive Verfahren wie Greifkraft- und Druckmessungen oder Elektromyographie (EMG) gemessen werden kann (de Looze et al. 2003). Vor diesem Hintergrund identifizieren Kuijt-Evers et al.

(2004) die relevanten Faktoren zur Messung des subjektiven Komforts von Handgriffen als Grundlage für den Comfort Questionnaire for Handtools. Der CQH besteht aus 15 Fragen, die abhängig von der Aufgabenintensität stufenweise abgefragt werden, und einer sieben-stufigen Antwortskala (von trifft überhaupt nicht zu bis trifft vollkommen zu). Zusätzlich wird über eine Schlussfrage der Gesamtkomfort abgefragt.

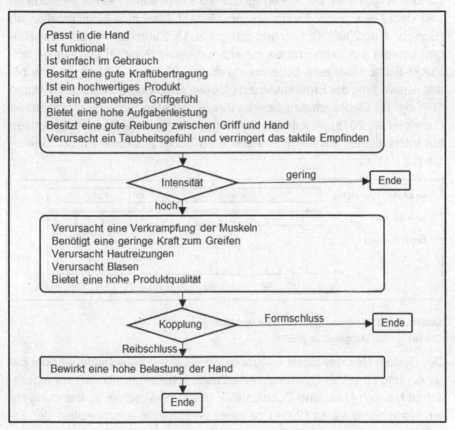

Passt in die Hand
Ist funktional
Ist einfach im Gebrauch
Besitzt eine gute Kraftübertragung
Ist ein hochwertiges Produkt
Hat ein angenehmes Griffgefühl
Bietet eine hohe Aufgabenleistung
Besitzt eine gute Reibung zwischen Griff und Hand
Verursacht ein Taubheitsgefühl und verringert das taktile Empfinden

Intensität — gering → Ende

hoch

Verursacht eine Verkrampfung der Muskeln
Benötigt eine geringe Kraft zum Greifen
Verursacht Hautreizungen
Verursacht Blasen
Bietet eine hohe Produktqualität

Kopplung — Formschluss → Ende

Reibschluss

Bewirkt eine hohe Belastung der Hand

Ende

**Abbildung 22: Auswahl der Komfort-Deskriptoren zur Gestaltung von Handgriffen**
*Quelle:*      *Kuijt-Evers et al. (2007)*

*System Usabillity Scale (SUS)*

Ein in der Praxis häufig verwendetes und gut erforschtes Fragebogen-instrument stellt der System Usability Scale von Brooke (1996) dar. Durch den begrenzten Umfang von zehn Fragen und die dadurch niedrige Durch-laufzeit lassen sich auch mehrere Produkte oder Systeme schnell mitei-nander vergleichen. Dabei verfügt der SUS über viele Validierungsstudien und deckt eine hohe Bandbreite an Mensch-Maschine-Schnittstellen ab (Bangor et al. 2009; Kortum und Bangor 2013; Sauro 2011). Der Fragebo-gen besteht aus zehn Fragen mit alternierender Polarität und einer Fünf-Punkt-Skala. Über eine Berechnungsformel (Anhang A.2) ergibt sich bei der Auswertung der Ergebnisse ein globaler SUS-Score zwischen Null und 100, der die Gebrauchstauglichkeit des bewerteten Systems repräsentiert (Lewis et al. 2015). Abbildung 23 zeigt verschiedene Bewertungsskalen zur Interpretation der resultierenden SUS-Score aus einer Produktbewer-tung.

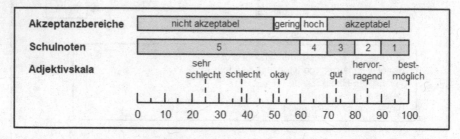

**Abbildung 23: Bewertungsmaßstäbe des SUS-Score**
*Quelle:*       *Bangor et al. (2009)*

Der System Usability Scale erlaubt einen Vergleich verschiedener oder die Bewertung einzelner Systeme, ohne zusätzliche Informationen zur eigent-lichen Mensch-Maschine-Schnittstelle. In der praktischen Anwendung ra-ten Kortum und Peres (2014) zu einer vorsichtigen Interpretation der Er-gebnisse an den äußeren Enden der Skala, da die Art der Aufgabe sich auf die Korrelation zwischen wahrgenommener Gebrauchstauglichkeit und Aufgabenerfolg auswirken kann. Die Ergebnisse liefern daher, wie bei den anderen vorgestellten Verfahren der Usability-Evaluation, wertvolle Informationen zur kombinierten Interpretation mit Daten aus anderen Usability-Verfahren (Kortum und Peres 2014; Kortum und Bangor 2013).

Mit dem SUS existiert ein Fragebogen-Werkzeug, das aktuell schon häufig im industriellen Kontext Anwendung findet (Lewis et al. 2015). Vor dem Hintergrund der schnellen Durchführbarkeit, einer hohen Aussagekraft der Ergebnisse und die Möglichkeit einer schnellen Auswertung eignet sich dieses Werkzeug zur Bewertung der Gebrauchstauglichkeit in den beiden letzten Phasen der Engineering-Methode. Zu diesem Zeitpunkt verfügen die verfügbaren Prototypen über eine Grundfunktionalität und ermöglichen dadurch eine orientierende Bewertung in der vorletzten Durchlaufphase, bevor der funktionstüchtige Prototyp final evaluiert wird.

*AttrakDiff*

Vor dem Hintergrund, dass aktuell veröffentlichte Fragebögen lediglich die Usability-Kriterien Effektivität und Effizienz berücksichtigen (Hassenzahl 2000), stellen Hassenzahl et al. (2003) mit dem AttraktDiff einen Fragebogen vor, der die wahrgenommene pragmatische und hedonische Qualität von Systemen misst. Die pragmatische Qualität beschreibt hierbei die Gebrauchstauglichkeit im Sinne der DIN EN ISO 9241-11 (2017) und die hedonische Qualität ergänzt die Attribute der User Experience, d.h. die emotionalen Auswirkungen des Produktes auf dessen Anwender. Der ursprüngliche Fragenbogen setzt sich aus 28 bipolaren Items zusammen, welche die vier Konstrukte pragmatische Qualität, hedonische Qualität der Stimulation und Identität sowie die Attraktivität von Produkten mittels einer sieben-stufigen Skala messen. Die Auswertung erfolgt über die Mittelwerte der einzelnen Gruppen und resultiert in einem Skalenwert. Dabei lassen sich die Ergebnisse z.b. über eine Portfolio-Analyse auswerten (Hassenzahl et al. 2003; Hassenzahl et al. 2008).

Zusätzlich stellen Hassenzahl und Monk (2010) eine kurze Variante des AttrakDiff mit zehn Fragen zur Verfügung, die jeweils vier Fragen zur pragmatischen und hedonischen Qualität sowie zwei Fragen zur Attraktivität éines Systems umfasst. Durch die verkürzte Variante eignet sich dieser

Fragebogen vor allem für den Einsatz in Usability-Tests und für den Vergleich verschiedener Systeme. Der Fragebogen ist kostenlos und lässt sich online durch das Anlegen eigener Projekte inklusive anschließender Auswertung durchführen (Hassenzahl et al. 2008).

*meCUE*

Nutzerzentrierte Gestaltungsaktivitäten zielen auf eine zufriedenstellende Benutzererfahrung ab und bilden heutzutage einen großen Erfolgsfaktor für viele technische Geräte Minge et al. (2017). Basierend auf dem Komponentenmodell der User Experience von Thüring und Mahlke (2007) beinhaltet der meCUE Fragebogen vier separat validierte Module zur instrumentellen und nichtinstrumentellen Produktwahrnehmung, zu Nutzergefühlen, Konsequenzen des Produkteinsatzes sowie eine Gesamtbewertung zur Produktattraktivität (Minge et al. 2013). Die Produktwahrnehmung beinhaltet die Dimensionen Nützlichkeit, Usability, visuelle Ästhetik, Status und Engagement, während das zweite Modul zu den Nutzergefühlen positive und negative Emotionen der Anwender misst. Zusätzlich erfasst das dritte Modul der Nutzungskonsequenzen die Produkttreue sowie die Verwendungsabsicht der Anwender, bevor im vierten Modul eine Einzelfrage die Gesamtbewertung des Produktes ermöglicht. Der meCUE besteht aus 34 Fragen und nutzt eine sieben-stufige Likert-Skala. Zudem zeigen verschiedene Validierungsstudien die Eignung des Fragebogens für alle Arten von interaktiven Systemen (Minge et al. 2017). Dadurch wird eine hohe Bandbreite an neuen Assistenzsystemen vor dem Hintergrund der Digitalisierung in der Produktion berücksichtigt.

Durch die Einzelvalidierung der verschiedenen Module besteht die Möglichkeit, den meCUE flexibel einzusetzen und die Module auch einzeln zu verwenden. Die Ergebnisse der Validierungsstudien weisen dabei auf eine hochakzeptable Gültigkeit auf (Minge et al. 2017; Minge et al. 2013). Der meCUE umfasst die Schlüsselkomponenten der Benutzererfahrung und stellt einen ressourcenschonenden Fragebogen dar (Minge et al. 2013), der sich als Evaluationswerkzeug im Rahmen der Engineering-Methode eignet.

### 4.3.4.3 Auswahl geeigneter Verfahren und Werkzeuge zur Usability-Evaluation

Es existieren verschiedene Möglichkeiten zur Kombination der aufgezeigten Verfahren und Werkzeuge. Abhängig von den Ablaufphasen können die unterschiedlichsten Konfigurationen nützlich sein. Die Kombination von Expertenevaluation zur Identifikation von schwerwiegenden Gestaltungsproblemen in den frühen Phasen mit verschiedenen Formen der Nutzereinbindung zum Abgleich der Anforderungen durch Interaktion mit Prototypen, z.B. mittels Fokusgruppen und Usability-Tests, stellen ein vielversprechendes Vorgehen für eine iterative Entwicklung dar. Beide Evaluationsformen ergänzen sich hinsichtlich der verschiedenen Herausforderungen bei der Gestaltung und vermeiden wiederkehrende Ergebnisse. Infolge der frühzeitigen Identifikation von schwerwiegender Gestaltungsproblematiken durch Experten werden Ressourcen geschont und potentielle Anwender für Fokusgruppen und Usability-Tests aufgespart (Nielsen 1993). Die Anzahl notwendiger Probanden für eine nutzerzentrierte Evaluation beschränkt sich auf fünf Teilnehmer, um 80 Prozent der Usability-Probleme zu identifizieren (Virzi 1992).

Fokusgruppen und Usability-Tests stellen hierbei den Rahmen für die Interaktion der Probanden mit verschiedenen Arten von Prototypen dar und werden durch weitere Verfahren und Werkzeuge ergänzt. Die Produktbewertung durch die Nutzer wird dabei nicht von den Räumlichkeiten oder anwesenden Personen beeinflusst(Sonderegger und Sauer 2009). Durch den Einsatz des retrospektiven Lauten Denkens erhalten Produktentwickler die Möglichkeit, nicht nur die reine Handlung der Probanden zu beobachten, sondern die Gründe für Schwachstellen in der Bedienung zu generieren. Abhängig vom Fokus der jeweiligen Entwicklungsphase eignen sich verschiedene Fragebögen zur Evaluation der gestalteten Prototypen.

Das Konstrukt der Gebrauchstauglichkeit eines Systems umfasst laut DIN EN ISO 9241-11 (2017) die drei Dimensionen Effektivität, Effizienz und Zufriedenheit, die ebenso eine Dimension des Nutzererlebens darstellt. Ein Produkt sollte alle drei Dimensionen erfüllen, um eine hohe Gebrauchstauglichkeit zu erlangen. Zur Unterstützung der Entwicklung von gebrauchstauglichen Systemen haben zahlreiche Forscher versucht, geeignete Messinstrumente in Form von Fragebögen zu entwickeln, die das Verständnis und die Interpretation objektiver Daten aus der Nutzererprobung erleichtern (Kortum und Peres 2014).

Neben Nützlichkeit spielt der Komfort von Systemen als Aspekt der Aufgabenangemessenheit eine wichtige Rolle hinsichtlich der Nutzerakzeptanz (Bullinger et al. 2013; Sarodnick und Brau 2016). Der Fragebogen CQH (Kuijt-Evers et al. 2004; Kuijt-Evers et al. 2007; Harih 2014; Harih und Dolšak 2013) stellt ein valides Werkzeug für die Beurteilung des Komforts von verschiedenen Griffformen zur Verfügung, das sich in den frühen Phasen der Produktgestaltung einsetzen lässt. Dadurch lässt sich schon in den frühen Phasen der Entwicklung, wo nur einzelne Elemente der tangiblen Mensch-Maschine-Schnittstelle prototypisch zur Verfügung stehen, die Basis für eine hohe Gebrauchstauglichkeit neuer Systeme schaffen.

Die weiteren Fragebögen messen die Gebrauchstauglichkeit und das Nutzererlebnis nach DIN EN ISO 9241-11 (2017) verschiedene Aspekte (Winter et al. 2015). Daher empfehlen Schrepp et al. (2016) die Kombination mehrerer Fragebögen für die Evaluation von Produkten, um die gewünschten Dimensionen abfragen zu können. Eine Anpassung standardisierter Fragebögen sollte dabei unbedingt vermieden werden, um keine wichtigen Informationen zu verlieren und die Ergebnisse nicht zu verfälschen (Schrepp et al. 2016).

Mit den Fragebögen AttrakDiff2 und meCUE existieren zwei Werkzeuge, die eine subjektive Messung des Nutzererlebens ermöglichen (Hassenzahl et al. 2003; Minge et al. 2013). Ergänzend zeigt Brooke (1996) die System-Usability-Skala (SUS) zur Bewertung der Gebrauchstauglichkeit eines Gesamtsystems. Die Kombination dieser Werkzeuge lässt eine umfängliche Bewertung funktionsfähiger Prototypen zu und wird dadurch der Gebrauchstauglichkeit nach DIN EN ISO 9241-11 (2017) gerecht.

Tabelle 14 zeigt die enthaltenen Dimensionen hinsichtlich Usability und User Experience der vorgestellten Fragebögen AttraktDiff2, meCUE und SUS (Brooke 2013; Hassenzahl et al. 2008; Minge et al. 2013; Bangor et al. 2009; Kortum und Peres 2014).

**Tabelle 14:** Übersicht der verwendeten Fragebögen und die darin enthaltenen Dimensionen

*Quelle:* *eigene Darstellung*

| | | Dimension | AttrakkDiff2 | meCUE | SUS | Kombiniert |
|---|---|---|---|---|---|---|
| Usability | pragmatisch | Effektivität | ○ | ○ | ● | ● |
| | | Effizienz | ◐ | ○ | ◐ | ◐ |
| | | Benutzbarkeit | ● | ● | ● | ● |
| | | Nützlichkeit | ◐ | ● | ○ | ● |
| | | Zufriedenheit | ○ | ○ | ● | ● |
| User Experience | hedonisch | Lernförderlichkeit | ◐ | ● | ● | ● |
| | | Attraktivität | ● | ● | ○ | ● |
| | | Identifikation | ● | ● | ○ | ● |
| | | Stimulation | ● | ● | ○ | ● |
| | | Emotionen | ○ | ● | ○ | ● |
| | | Nutzungsintention | ○ | ● | ○ | ● |
| | | Produktloyalität | ○ | ● | ○ | ● |
| | | Status | ○ | ● | ○ | ● |
| | | Verbundenheit | ○ | ● | ○ | ● |
| **Gesamtbeurteilung** | | | ○ | ● | ● | ● |

Legende:   ○ trifft nicht zu   ◐ trifft teilweise zu   ● trifft zu

Durch den ressourcenschonenden Aufwand, die Anwendbarkeit auf tangible Mensch-Maschine-Schnittstellen und die Möglichkeit einer einfachen Auswertung erfüllen die vorgestellten Verfahren und Werkzeuge die Anforderungen der Anwendungsdomäne. Tabelle 15 ordnet die beschriebenen Verfahren und Werkzeuge zur Evaluation tangibler Mensch-Maschine-Schnittstellen den Phasen der Engineering-Methode zu.

**Tabelle 15:**    Einordnung der Verfahren und Werkzeuge zur Evaluation in die
                 Engineering-Methode
*Quelle:*           *eigene Darstellung*

| Ablaufphase | Verfahren | Werkzeug | Evaluation durch |
|---|---|---|---|
| Ideation | Fokusgruppe | Mehrpunktvergabe Brainstorming | Experten |
| Konzeption | Fokusgruppe Fragenbogen retrospektives Lautes Denken | CQH | Anwender |
| Konkretisierung | Fokusgruppe Fragebogen retrospektives Lautes Denken | Mehrpunktvergabe CQH, SUS | Anwender |
| Umsetzung | Usability-Test Fragebogen | SUS, AttrakDiff, meCUE | Anwender |

## 4.4  Detailbeschreibung der Verfahren und Werkzeuge in den Ablaufphasen der Methode

Aufbauend auf den in Kapitel 3 erhobenen Anforderungen an nutzerzentrierte Vorgehensmodelle von Anwendern aus der betrieblichen Praxis resultiert die Grundstruktur der Engineering-Methode, bestehend aus Ablaufphasen und Basiselementen der nutzerzentrierten Entwicklung. Aus der Analyse bestehender Vorgehensmodelle aus dem UX Engineering, dem Usability Engineering und der Methodischen Konstruktion ergeben sich die Ablaufphasen Ideation, Konzeption, Konkretisierung und Umsetzung. Dabei werden in jeder Ablaufphase die Basiselemente Analyse, Gestaltung, Prototyping und Evaluation durchlaufen. Basierend auf dieser Grundstruktur beschreiben die vorangegangenen Abschnitte verschiedene Verfahren und Werkzeuge für die Basiselemente der nutzerzentrierten Engineering-Methode. Hierbei richtet sich die Auswahl der Verfahren und Werkzeuge nach den erhobenen Anforderungen in der betrieblichen Praxis (vgl. Kapitel 3).

Unabhängig von den verwendeten Verfahren und Werkzeugen innerhalb der Engineering-Methode ist es von hoher Bedeutung, die Zeitpunkte der

Nutzerintegration darzustellen. Durch die Transparenz der Nutzerbeteiligung lassen sich die Bedürfnisse der Anwender mit den Erkenntnissen aus dem Bereichen der Mensch-Maschine-Interaktion und der Ergonomie spiegeln sowie deren Bedürfnisse berücksichtigen (Chammas et al. 2014). Abbildung 24 zeigt die Grundstruktur der erstellten Engineering-Methode zur Gestaltung gebrauchstauglicher tangibler MMS und ordnet den iterativ durchgeführten Ablaufphasen die Evaluationsteilnehmer zu.

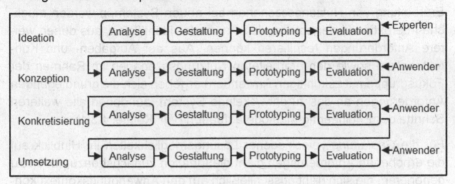

**Abbildung 24:** **Engineering-Methode zur Gestaltung gebrauchstauglicher tMMS**
*Quelle:*     *angelehnt an Hoffmann (2010)*

In Abhängig der Evaluationsergebnisse besteht die Möglichkeit, in eine beliebige (vorgelagerte) Ablaufphase zu springen, z.B. um neue Erkenntnisse aus der Evaluation in die Gestaltung zu integrieren. Die folgenden Abschnitte beschreiben die eingesetzten Verfahren und Werkzeuge innerhalb der Analyse, der Gestaltung, des Prototyping und der Evaluation in Abhängigkeit der durchgeführten Ablaufphase.

### 4.4.1 Ideation

Die *Analyse* des Nutzungskontextes und der Nutzeranforderungen in der Ideation bildet die Basis für alle weiteren Gestaltungs- und Evaluationsaktivitäten im Zuge der Engineering-Methode und steht daher im Fokus. Anhand der identifizierten Merkmale, Ziele und Arbeitsaufgaben der vorhandenen Benutzergruppen und dem eigentlichen Nutzungskontext ergeben sich die Anforderungen an das zu entwickelnde System. Dazu erfolgt im ersten Schritt eine Aufgabenanalyse, um die Arbeitsabläufe, Schnittstellen zu den technischen Systemen und benötigte Informationen zu sammeln. Mit Hilfe von Beobachtungen innerhalb des Einsatzgebietes lassen sich erste Informationen sammeln und durch ergänzende, leitfadengestützte Interviews mit den beteiligten Personen erweitern. Diese Kontextanalyse bildet die Grundlage für eine Fokusgruppe mit ausgewählten Anwendern, die sich am Entwicklungsprozess beteiligen und die erarbeiteten Anforderungen zusammen mit dem Produktverantwortlichen diskutieren. Durch die Erarbeitung von Nutzungsszenarien bei neuen Systemen werden mögliche Interaktionen der potenziellen Anwender identifiziert, aus denen weitere Anforderungen resultieren können. Aus der Aufgaben- und Kontextanalyse sowie den erarbeiteten Nutzungsszenarien im Rahmen der Fokusgruppe mit zukünftigen Anwendern ergeben sich die grundlegenden Anforderungen an das zu entwickelnde System, auf denen alle weiteren Schritte der Engineering-Methode aufbauen (vgl. Kapitel 4.3.1).

Für die *Gestaltung* verschiedener Lösungsmöglichkeiten im Hinblick auf die erhobenen Anforderungen dient die Ideation zunächst dazu, Ideen zu generieren, die sich nicht ausschließlich auf den Anwendungskontext konzentrieren. Aufbauend auf den Ergebnissen der Aufgabenanalyse und den Nutzungsszenarien erfolgt zunächst die Festlegung der einzelnen Funktionen des Systems. Mit Hilfe einer Funktionsstruktur können die Abhängigkeiten verschiedener Anforderungen identifiziert und diskutiert werden. In dieser Phase ist es sinnvoll, Nicht-Anwender in den Gestaltungsprozess zu involvieren, um Vorprägungen zu vermeiden und möglichst viele Ideen zu generieren. Mittels Kreativitätstechniken, wie Brainstorming, lassen sich im Rahmen eines Workshops verschiedene Gestaltungsideen für die aufgenommenen Anforderungen entwickeln und diskutieren (vgl. Kapitel 4.3.2).

Im Rahmen des *Prototyping* in der Ideation lassen sich die entstandenen Ideen explorativ mit Hilfe der Galeriemethode umsetzen. Durch die Verwendung von Modelliermasse erhalten die Teilnehmer des Workshops die Möglichkeit, die identifizierten Funktionen aus den Anforderungen an das zu entwickelnde System physisch zu modellieren. Hierfür stehen den Teilnehmern abhängig vom Entwicklungsgegenstand verschiedene Farben an Modelliermasse für die festgelegten Funktionen und einfache Hilfsmittel wie Karton, Stäbe oder Kunststoff, zur Abbildung des Gesamtsystems zur Verfügung. Mit Hilfe dieser Vorgehensweise entstehen ein erster Eindruck zur Umsetzbarkeit verschiedener Gestaltungsideen und mögliche Verknüpfungen von Teilfunktionen (vgl. Kapitel 4.3.3.2).

Die *Evaluation* erfolgt im Rahmen einer Fokusgruppe durch den Produktverantwortlichen und Experten der Produktergonomie. Mittels Brainstorming lassen sich die entstandenen Gestaltungsideen in dieser frühen Phase bewerten und Prioritäten für die weiteren Entwicklungsphasen der Engineering-Methode festlegen. Dazu zählen neben Grundfunktionen, z.B. Griffformen, auch weitere Teilfunktionen, wie Transportmöglichkeiten und deren Berücksichtigung in den einzelnen Entwicklungsphasen. Die Ergebnisse der Evaluation in Form von ausgewählten Gestaltungsideen zu den einzelnen Funktionen, z.B. einer Griffform, dienen als Grundlage für die folgende Analyse in der Konzeptionsphase (vgl. Kapitel 4.3.4.2).

## 4.4.2 Konzeption

In der *Analyse der Konzeptionsphase* werden aufbauend auf den Ergebnissen der Funktionsanalyse in der Ideationsphase weitere Lösungsmöglichkeiten gesucht. Dazu erfolgt eine Recherche bestehender Lösungen auf dem Markt oder im eigenen Unternehmen, die den identifizierten Anforderungen gerecht werden. Innerhalb der Konzeptionsphase liegt der Fokus dabei auf der Handseite des Systems (Bullinger et al. 2013). Infolge der systematischen Analyse bewährter Lösungen und vorhandener Erfahrungen oder Literatur hinsichtlich des zu entwickelnden Systems entsteht eine Grundlage, um einzelne Elemente anzupassen und die vorhandenen Lösungsvarianten der Ideation gezielt zu ergänzen. Dabei wird das Nutzungsszenario aus der vorhergehenden Ablaufphase iterativ mit den gewonnenen Erkenntnissen ergänzt (vgl. Kapitel 4.3.1.3).

Die *Gestaltung der Konzeptionsphase* fokussiert mit der Gestaltung der Handseite des Systems die primär tangiblen Funktionselemente in Form von Griffen. Mit Hilfe der methodischen Vorgehensweise zur Gestaltung von Griffen für Arbeitsmittel nach Bullinger et al. (2013) werden die aus der Arbeitsaufgabe resultierenden ergonomischen Anforderungen berücksichtigt und wichtige Fragstellungen zur Handhaltung und Greif- sowie Kopplungsart bearbeitet. Dabei besteht die Notwendigkeit, bestehende Gestaltungsrichtlinien und Normen zur ergonomischen Gestaltung und Anthropometrie zu beachten (vgl. 4.3.2.3). Unter Verwendung der bestehender Lösungen und der evaluierten Gestaltungsidee für einen Griff aus der Ideation entstehen mittels computerunterstützter Konstruktionsprogramme (CAD) dreidimensionale Modelle möglicher Griffvarianten als Ausgangspunkt für die prototypische Herstellung (vgl. Kapitel 4.3.2).

Im Rahmen des *Prototyping* werden die Ergebnisse aus dem vorhergehenden Gestaltungsschritt physisch umgesetzt. Dies geschieht über 3D-Druck-Verfahren, die eine ressourcenschonende Herstellung von Prototypen erlauben. Zusätzlich zu den ausgedruckten Griffvarianten können weitere Elemente zur Befestigung dieser, z.B. Karton oder Kunststoffteile, Verwendung finden. Der experimentelle Ansatz innerhalb der Konzeption dient der Erprobung verschiedener Gestaltungsvarianten. Die verschieden ausgeprägten Griffformen stellen Low-Fidelity-Prototypen dar und weisen aufgrund des reduzierten Funktionsumfangs eine lokale Ausrichtung auf. Die entstandenen Konzeptmodelle der verschiedenen Griffvarianten besitzen keine mechanischen Eigenschaften und dienen der Weiterentwicklung der Formgestalt (vgl. Kapitel 4.3.3).

In der *Evaluation* erfolgt die Bewertung der entstandenen Konzeptmodelle. Dazu erhalten zukünftigen Anwendern die Möglichkeit, die verschiedenen Prototypen im Rahmen von Fokusgruppen hinsichtlich deren Handhabung im Anwendungskontext zu testen und anschließend zu beurteilen. Hierbei kommen verschiedene Verfahren zum Einsatz. Zum einen lässt sich durch den Fragebogen CQH (Harih und Dolšak 2013) der Komfort der verschiedenen Konzeptmodelle bewerten und aus den resultierenden Ergebnissen favorisierte Konzeptmodelle identifizieren. Zum anderen können die Teilnehmer über retrospektives Lautes Denken positive und negative Empfindungen zu den verschiedenen Varianten äußern und Vorschläge zur Weiterentwicklung der Griffform in Form von Merkmalsausprägungen oder Kombination der einzelnen Griffeigenschaften beitragen (vgl. Kapitel 4.3.4.3). Die Ergebnisse der Evaluation in der Konzeptionsphase dienen als Grundlage für die Gestaltung einer angepassten Griffform in der folgenden Iteration.

### 4.4.3 Konkretisierung

In der *Analyse der Konkretisierungsphase* erfolgt aufbauend auf den Ergebnissen der Funktionsanalyse in der Ideationsphase eine Recherche nach weiteren Lösungsmöglichkeiten der verbleibenden Funktionsumfänge. Dazu werden bestehende Lösungsvarianten auf dem Markt oder im eigenen Unternehmen recherchiert, die den identifizierten Anforderungen gerecht werden. Im Rahmen einer Fokusgruppe mit Produktentwicklern werden zudem die Ergebnisse der vorherigen Evaluation analysiert, die anschließend in die Weiterentwicklung der Griffgestaltung fließen. Dabei erfolgt die iterative Ergänzung des bestehenden Nutzungsszenarios um die gewonnenen Informationen aus der Konzeptionsphase (vgl. Kapitel 4.3.1.3).

Für die *Gestaltung innerhalb der Konkretisierungsphase* dienen die Ergebnisse der vorgehenden Analyse als Ausgangspunkt. Zunächst erfolgt eine Anpassung der bestehenden Konzeptvarianten für die Griffform, die unter Berücksichtigung der vorhandenen Gestaltungsrichtlinien, wie anthropometrische Variablen, im CAD konstruiert und an die erhobenen Bedürfnisse der Anwender angepasst wird. Zusätzlich werden bestehende Konzepte für die angedachten Funktionen aus der Funktionsanalyse mit Hilfe eines morphologischen Kastens gegenübergestellt und im Rahmen einer Fokusgruppe mit Produktentwicklern verschiedene Lösungen identifiziert. Aufbauend auf der angepassten Griffform werden bis zu drei Varianten aus dem morphologischen Kasten im CAD konstruiert (vgl. Kapitel 4.3.2.4).

Im Rahmen des *Prototyping in der Konkretisierungsphase* entstehen aufbauend auf den Varianten des morphologischen Kastens bis zu drei Low-Fidelity-Prototypen mittels 3D-Druck-Verfahren und Kombination mit einfachen Materialien. Der nun evolutionäre Prototypenansatz bildet die Grundlage für die finale Ausgestaltung des Systems in der Umsetzungsphase und wird im weiteren Verlauf iterativ angepasst. Die verschieden ausgeprägten Geometriemodelle besitzen eine horizontale Ausrichtung und zeigen den kompletten Funktionsumfang der tangiblen Mensch-Maschine-Schnittstelle des zu entwickelnden Systems (vgl. Kapitel 4.3.3).

Für die *Evaluation* kommen verschiedene Verfahren und Werkzeuge zum Einsatz. Im Rahmen einer oder mehrerer Fokusgruppen bewerten zukünftige Anwender zunächst die weiterentwickelte Griffform. Zur besseren Vergleichbarkeit erhalten die Teilnehmer die Möglichkeit, wiederholt alle Griffformen aus der Konzeption und die weiterentwickelte Griffform zu testen und anschließend mit dem Fragebogen CQH (Harih und Dolšak 2013) und retrospektivem Lauten Denken zu bewerten. Im zweiten Teil testen die zukünftigen Anwender die entstandenen Geometriemodelle und bewerten die verschiedenen Funktionsausprägungen, z.B. der Transportfunktion, mittels Mehrpunktvergabe (Lindemann 2007). Dabei kann jeder Teilnehmer drei Punkte pro Funktionen für die einzelnen Ausprägungen verteilen. Die resultierende Punktzahl bildet die Grundlage für die Gestaltung der einzelnen Funktionen und die Kombination der ausgewählten Funktionsausprägungen wird abschließend nochmal prospektiv mit dem Fragebogen SUS (Brooke 1996) durch die Anwender bewertet (vgl. Kapitel 4.3.4.3).

### 4.4.4 Umsetzung

In der *Analyse* der Umsetzungsphase erfolgt eine Gegenüberstellung der über die vorhergehenden Ablaufphasen identifizierten Anforderungen an die Funktionen der tangiblen Mensch-Maschine-Schnittstelle mit den bisher umgesetzten Inhalten im Geometrieprototyp. Aufbauend auf den Ergebnissen des Fragebogens zum Komfort der gestalteten Griffvariante sowie der qualitativen Rückmeldungen der Anwender zur Optimierung des Griffes und Ausgestaltung der weiteren Funktionen, wird das Nutzungsszenario final angepasst. Die Ergebnisse fließen direkt in die finale Gestaltung der tangiblen Mensch-Maschine-Schnittstelle (vgl. Kapitel 4.3.1.3).

Ziel der *Gestaltung in der Umsetzungsphase* ist die technische Realisierung des abgestimmten Geometrieprototyps aus der vorhergehenden Ablaufphase unter Beachtung der analysierten Rückmeldungen und der erhobenen Anforderungen an das Gesamtsystem. Zur Integration der notwendigen Technik erfolgt die konstruktive Anpassung des Geometriemodells im CAD als Basis für die weitere Gestaltung. Anschließend findet mit Hilfe eines morphologischen Kastens die Auswahl der notwendigen Komponenten für die technische Ausgestaltung statt. Die abschließende Erarbeitung eines Konzeptes zur Integration der Funktionsumfänge berücksichtigt vorhandene Gestaltungsrichtlinien und bildet den Ausgangspunkt für die prototypische Umsetzung (vgl. Kapitel 4.3.2.4).

Im Rahmen des *Prototyping in der Umsetzungsphase* werden hardware- und softwaretechnische Bausätze verwendet, um mögliche Interaktionen mit einer Softwareanwendung darstellen zu können und eine realistische tangible Mensch-Maschine-Schnittstelle für die finale Evaluation zu generieren. Alle vorher mittels einfacher Materialien simulierten Randbedingungen werden vor diesem Hintergrund durch hochwertige Materialien und vorhandene Systemkomponenten ersetzt, wodurch trotz Komponenten der tMMS aus dem 3D-Druck ein High-Fidelity-Prototyp mit hohem Funktionsspektrum entsteht. Dieser entwickelt evolutionär das Geometriemodell aus der Konkretisierung weiter und ist diagonal in Form eines T-Prototyps ausgerichtet. Das resultierende Funktionsmodell deckt alle späteren Funktionen der tangiblen Mensch-Maschine-Schnittstelle des Gesamtsystems ab und lässt sich in einem definierten Anwendungsszenario evaluieren (vgl. Kapitel 4.3.3).

Die *Evaluation im Zuge der Umsetzungsphase* dient der finalen Bewertung des Gesamtsystems vor der Übergabe an die Serienentwicklung. Im Rahmen eines Usability-Tests erhalten Anwender die Möglichkeit, das entstandene Funktionsmodell in einem Anwendungsszenario unter Realbedingungen zu testen. Anschließend bewerten die zukünftigen Nutzer die tangible Mensch-Maschine-Schnittstelle mittels den Fragebögen SUS (Brooke 1996), der kurzen Variante des AttrakDiff2 (Hassenzahl und Monk 2010) und dem meCUE (Minge et al. 2017). Durch den Einsatz der drei Fragebögen lässt sich ein weites Spektrum der Gebrauchstauglichkeit nach DIN EN ISO 9241-11 (2017) abdecken. Die Ergebnisse der Evaluation zeigen, ob die Gestaltung der tangiblen Mensch-Maschine-Schnittstelle gebrauchstauglich und somit erfolgreich einsetzbar ist (vgl. Kapitel 4.3.2.4).

## 4.5 Zusammenfassung und Implikationen für die Evaluation der Methode

Zielsetzung dieses Kapitels war die Gestaltung einer Engineering-Methode zur systematischen Gestaltung gebrauchstauglicher tangibler Mensch-Maschine-Schnittstellen in der Produktion. Ausgehend vom aktuellen Stand der Wissenschaft, bestehend aus den Grundregeln der nutzerzentrierten Gestaltung und bestehenden Vorgehensmodellen aus den Bereichen UX Engineering, Usability Engineering und der methodischen Konstruktion, wurde zunächst die Grundstruktur der Engineering-Methode – Ablaufphasen und Basiselemente – bestimmt. Daraus ergeben sich die Ablaufphasen Ideation, Konzeption, Konkretisierung und Umsetzung in denen iterativ die Basiselemente Analyse, Gestaltung, Prototyping und Evaluation durchlaufen werden. Auf Basis der Grundstruktur wurden schließlich verschiedene Verfahren und Werkzeuge für die strukturierte Analyse, Gestaltung, Prototypenerstellung und deren Evaluation hinsichtlich der erhobenen Anforderungen aus der Anwendungsdomäne analysiert und den Ablaufphasen zugeordnet (Tabelle 16).

**Tabelle 16:** **Ausgewählte Verfahren und Werkzeuge für die Engineering-Methode**
*Quelle:* *angelehnt an Wächter und Bullinger (2016a)*

| Ablauf-phase | Analyse | Gestaltung | Prototyping | Evaluation |
|---|---|---|---|---|
| Ideation | Fokusgruppe Nutzungsszenario Aufgabenanalyse Kontextanalyse | Funktions-analyse Brainstorming Galeriemethode | ***Gestaltungsideen*** Modelliermasse | Fokusgruppe Brainstorming |
| Konzep-tion | Fokusgruppe Nutzungsszenario Lösungssuche | Funktions-analyse CAD | ***Konzeptmodell*** 3D-Druck | Fokusgruppe Fragebogen CQH Lautes Denken |
| Konkre-tisierung | Fokusgruppe Nutzungsszenario Lösungssuche | Funktions-analyse CAD morphologischer Kasten | ***Geometriemodell*** 3D-Druck | Fokusgruppe Fragebogen (CQH, SUS) Lautes Denken Mehrpunkte-vergabe |
| Umset-zung | Fokusgruppe Nutzungsszenario Lösungssuche | Funktions-analyse CAD morphologischer Kasten | ***Funktionsmodell*** 3D-Druck Baukästen für Hard- und Software | Usability-Test Fragebogen (SUS, AttrakDiff, meCUE) Lautes Denken |

Dadurch war es möglich, die verschiedenen Ablaufphasen der Enginee-ring-Methode detailliert zu beschreiben. Tabelle 16 fasst die ausgewählten Verfahren und Werkzeuge für die entwickelte Engineering-Methode zusammen. Abhängig von den Ergebnissen besteht nach jeder Ablaufphase die Möglichkeit, in eine beliebige (vorgelagerte) Phase zu springen, z.B. um neue Erkenntnisse aus der Evaluation in die Gestaltung zu integrieren. Das methodische Prototyping stellt dabei ein wesentliches Hilfsmittel bei der phasenspezifischen Unterstützung der verschiedenen Gestaltungsinhalte dar:

- In der Ideation liegt der Schwerpunkt des Prototyping in der *Erhebung verschiedener Gestaltungsideen* zu den, auf Basis der erhobenen Anforderungen, identifizierten Funktionen.

- Bei der Konzeption einer ergonomischen Handseite steht im Rahmen des Prototyping vor allem die Gestaltung von Konzeptmodellen mit verschiedenen Griffvarianten im Vordergrund, um eine *Rückmeldung zukünftiger Anwender hinsichtlich des Komforts der Griffform* zu erhalten.

- Im Rahmen der Konkretisierung entsteht eine finale Griffvariante, die um verschiedene Varianten der verbleibenden Funktionselemente ergänzt, in mehreren Geometriemodellen prototypisch umgesetzt wird. Diese Prototypen dienen der *Auswahl spezifischer Funktionsvarianten für die finale Umsetzung*.

- In der Umsetzung wird ein Funktionsmodell gestaltet, das aller vorher erhobenen Anforderungen der Anwender entspricht. Durch die funktionstüchtige Ausgestaltung des Prototyps kann eine *Bewertung des Assistenzsystems in einem realtypischen Einsatzszenario* erfolgen.

Für die Anwendung der Engineering-Methode ergeben sich verschiedene Herausforderungen. So ermöglicht die Erstellung frühzeitiger Prototypen zwar auch eine zeitige Evaluation durch die Anwender, die Anwendbarkeit der kontextspezifischen Evaluationsverfahren sowie der resultierende In-

formationsgehalt für die Weiterentwicklung in Kombination mit der Prototy-
penausrichtung und -genauigkeit stellen jedoch eine zentrale Fragstellung
in der praktischen Umsetzung dar.

# 5 Iterative Evaluation der Engineering-Methode

## 5.1 Zweck der Artefakt-Evaluation und Aufbau des Kapitels

Die iterative Gestaltung (s. Kapitel 1) von Artefakten und deren Evaluation zur Lösung praxisrelevanter Problemstellungen (s. Kapitel 3) stellen Schlüsseldisziplinen der gestaltungsorientierten Forschung dar (Nunamaker und Chen 1990; March und Smith 1995; Hevner et al. 2004; Venable 2006; Peffers et al. 2007). Erst durch die systematische Bewertung der Leistung eines Artefaktes und der damit einhergehenden wissenschaftlichen Stringenz wird die gestaltungsorientierte Forschung zu einer Wissenschaft. Ohne geeignete Evaluation gelten Gestaltungstheorien, -methoden oder deren Instanziierungen lediglich als ungetestete Vermutungen und Hypothesen, da keine Beweise für deren Gültigkeit vorliegen (Hevner und Chatterjee 2010; Venable und Baskerville 2012).

Mit dem Ziel, die erstellte Engineering-Methode iterativ zu evaluieren, beschreibt dieses Kapitel zunächst die Grundlagen der Evaluation von Artefakten. Aufbauend auf den angewandten Kriterien und Verfahren aus der wissenschaftlichen Literatur wird der Fokus der Evaluation des vorliegenden Artefaktes dargestellt. Anschließend erfolgt die iterative Instanziierung und Evaluation der Engineering-Methode in der Domäne Instandhaltung. Die iterativen Ablaufphasen Ideation, Konzeption, Konkretisierung und Finalisierung stellen dabei gleichzeitig die einzelnen Schritte für die Evaluation der Engineering-Methode dar. Eine kurze Zusammenfassung der Evaluationsergebnisse schließt das Kapitel.

## 5.2 Kriterien und Verfahren der Artefakt-Evaluation

Die Artefakt-Evaluation stellt einen wesentlichen Bestandteil im Forschungsprozess dar und setzt bestimmte Grundlagen für die Durchführung einer stringenten Forschungsarbeit voraus. Vor diesem Hintergrund zeigen die nächsten Abschnitte die Rahmenbedingungen und mögliche Vorgehensweisen bei der Artefakt-Evaluation. Dazu werden neben den relevanten Veröffentlichungen aus dem Bereich der gestaltungsorientierten Forschung ebenso Veröffentlichungen aus der sozialwissenschaftlichen Evaluationsforschung berücksichtigt.

© Springer Fachmedien Wiesbaden GmbH, ein Teil von Springer Nature 2019
M. Wächter, *Gestaltung tangibler Mensch-Maschine-Schnittstellen*,
Gestaltung hybrider Mensch-Maschine-Systeme/Designing Hybrid Societies,
https://doi.org/10.1007/978-3-658-27666-9_5

Abhängig vom Anwendungskontext existieren unterschiedliche Bedeutungen für den Begriff „Evaluation". Im allgemeinen Sprachgebrauch wird unter Evaluation die Bewertung von Phänomenen (z.B. Personen, Projekte, Produkte oder Programme) hinsichtlich festgelegter Kriterien verstanden (Weiss und Küchler 1974; Kromrey 2001; Stockmann 2000). Dabei verfolgt die Evaluation verschiedene Aufgaben: die Sammlung von entscheidungsrelevanten Daten (*Erkenntnisfunktion*), die Gewinnung von Informationen zum Grad der Aufgabenerfüllung (*Kontrollfunktion*), die Bereitstellung von Informationen zur transparenten Analyse von Ergebnissen mit mehreren Beteiligten (*Entwicklungsfunktion*) und für den Nachweis der Wirksamkeit und der Nachhaltigkeit der Bewertungsgegenstände (*Legitimierungsfunktion*) (Stockmann 2014). Ein wesentlicher Bestandteil der wissenschaftlichen Literatur zur Evaluation basiert auf sozialwissenschaftlichen Sichtweisen und verwendet daher Verfahren der empirischen Sozialforschung (Weiss und Küchler 1974; Stockmann 2007). Dadurch versteht sich die Evaluation als Hypothesentest mit der Fragestellung, ob das untersuchte Artefakt die gestellten Anforderungen erfüllt und somit die gewünschten Aufgaben erfüllt. Abbildung 25 zeigt die möglichen Ergebnisse der Evaluation als Antwort auf diese Fragestellung.

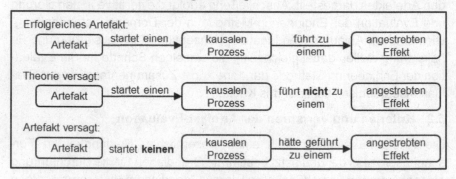

**Abbildung 25: Mögliche Evaluationsergebnisse in sozialwissenschaftlichem Kontext**
*Quelle:          Weiss und Küchler (1974) in Hoffmann (2010)*

Im Anwendungskontext der gestaltungsorientierten Forschung wird unter „Evaluation" die Bewertung von Artefakten (z.B. Konstrukte, Modelle, Methoden und Instanziierungen) bezüglich deren Qualität, Nützlichkeit und Effizienz zur Lösung einer praxisrelevanten Problemstellung verstanden

(Hevner et al. 2004; March und Smith 1995; Peffers et al. 2006; Takeda et al. 1990). Für die Artefakt-Evaluation in der gestaltungsorientierten Forschung existieren verschiedene Metriken und Verfahren von Takeda et al. (1990), March und Smith sowie Hevner et al. (2004). March und Smith (1995) zeigen verschiedene Evaluationskriterien auf, die nach Sonnenberg und vom Brocke (2012) abhängig vom evaluierten Artefakt zur Anwendung kommen (Tabelle 17).

**Tabelle 17:** **Evaluationskriterien für Artefakte der gestaltungsorientierten Forschung**

*Quelle:* *Sonnenberg und vom Brocke (2012)*

| | Konstrukt | Modell | Methode | Instanziierung |
|---|:---:|:---:|:---:|:---:|
| **Vollständigkeit** | ● | ● | ○ | ○ |
| **Benutzerfreundlichkeit** | ● | ○ | ● | ○ |
| **Effektivität** | ○ | ○ | ○ | ● |
| **Effizienz** | ○ | ○ | ● | ● |
| **Eleganz** | ● | ○ | ○ | ○ |
| **Anwendbarkeit in der Praxis** | ○ | ● | ○ | ○ |
| **Generalisierung** | ○ | ○ | ● | ○ |
| **Auswirkungen auf Umwelt und Nutzer** | ○ | ○ | ○ | ● |
| **Interne Konsistenz** | ○ | ● | ○ | ○ |
| **Detaillierungsgrad** | ○ | ● | ○ | ○ |
| **Operationalisierbarkeit** | ○ | ○ | ● | ○ |
| **Robustheit** | ○ | ● | ○ | ○ |
| **Einfachheit** | ● | ○ | ○ | ○ |
| **Verständlichkeit** | ● | ○ | ○ | ○ |

**Legende:** ○ trifft nicht zu    ● trifft zu

Demnach liegen der Evaluation der Engineering-Methode die Evaluations-kriterien Benutzerfreundlichkeit, Effizienz, Generalisier- und Operationali-sierbarkeit zu Grunde, während deren Instanziierung in der Anwendungs-domäne hinsichtlich Effektivität, Effizienz sowie Auswirkungen auf die Do-mäne selbst und die Nutzer der Engineering-Methode bewertet wird.

Venable und Baskerville (2012) klassifizieren die Evaluation in zwei Pri-märformen: künstliche und naturalistische Evaluation. Die künstliche Eva-luation bewertet eine Technologielösung unter Laborbedingungen oder mittels Simulation oder theoretischer Beweise, während die naturalistische Evaluation die Leistungsfähigkeit einer technologischen Lösung in der re-alen Anwendungsumgebung überprüft. Der Methodenrahmen von Venable und Baskerville (2012) unterscheidet neben der Dimension der künstlichen und naturalistischen Evaluation zusätzlich zwischen den Di-mensionen Ex-Ante- und Ex-Post-Evaluation. Dabei beschreibt die Ex-Post-Evaluation die Bewertung einer Instanziierung, während die Ex-Ante-Evaluation ein nichtmaterielles Artefakt beurteilt (Tabelle 18).

**Tabelle 18:** **Verfahren zur Evaluation in der gestaltungsorientierten Forschung**
*Quelle:* *Venable et al. (2012)*

|  | Ex Ante | Ex Post |
|---|---|---|
| **naturalistisch** | • Action Research<br>• Fokusgruppe | • Action Research<br>• Fallstudie<br>• Fokusgruppe<br>• Teilnehmende Beobachtung<br>• Deskriptive Bewertung<br>• Befragung<br>(qualitativ oder quantitativ) |
| **künstlich** | • mathematischer oder lo-gischer Beweis<br>• Kriterien – basierte Eva-luation<br>• Laborexperiment<br>• Computersimulation | • Mathematischer oder logischer Beweis<br>• Laborexperiment<br>• Rollenspiel – Simulation<br>• Computersimulation<br>• Feldexperiment |

## 5.3 Fokus der Artefakt-Evaluation

Vor dem Hintergrund der verschiedenen Kriterien, Verfahren und Aspekte zur Evaluation von Artefakten in der sozialwissenschaftlichen und gestaltungsorientierten Forschung liefern Cleven et al. (2009) eine Möglichkeit, die verschiedenen Attribute mit Hilfe eines morphologischen Modells zu beschreiben. Tabelle 19 zeigt die Attribute der Artefakt-Evaluation der Engineering-Methode. Die Kombination aus quantitativen und qualitativen Ansatz gewährleistet eine höhere Qualität der Evaluationsergebnisse.

Tabelle 19: **Attribute der Evaluation der Engineering-Methode**
Quelle: *eigene Darstellung in Anlehnung an Cleven et al. (2009)*

| Variable | Ausprägung | | | | |
|---|---|---|---|---|---|
| Ansatz | qualitativ | | | quantitativ | |
| Artefakt - Fokus | technisch | | organisational | strategisch | |
| Artefakt - Typ | Konstrukt | Modell | Methode | Instanzi-ierung | Theorie |
| Funktion | Wissens-funktion | Kontroll-funktion | | Entwicklungs-funktion | Legitimie-rungsfunktion |
| Ziel | Artefakt | | | Konstruktion des Artefaktes | |
| Perspektive | wirtschaftlich | einsatzorien-tiert | | ingenieurtech-nisch | erkenntnisthe-oretisch |
| Referenz | Artefakt vs. Forschungslücke | | Artefakt vs. Realwelt | Forschungslücke vs. Realwelt | |
| Zeitpunkt | Ex Ante | | | Ex Post | |

Die Evaluation der Engineering-Methode erfolgt Ex-Post im Rahmen iterativer Feldstudien durch deren Instanziierung in der Anwendungsdomäne Instandhaltung und findet formativ nach den Ablaufphasen Ideation, Konzeption sowie Konkretisierung sowie summativ nach der Umsetzungsphase statt (Abbildung 26). Dafür kommen, abhängig vom jeweiligen Iterationsdurchlauf, verschiedene Evaluationsverfahren zum Einsatz.

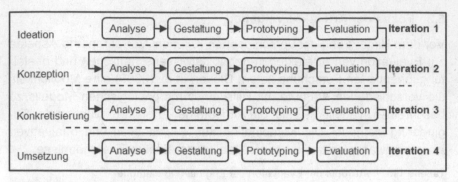

**Abbildung 26: Iterationen der Artefakt-Evaluation**
*Quelle:　　　, angelehnt an Hoffmann (2010)*

In der *ersten Evaluationsphase* erfolgt daher die Überprüfung der Qualität der resultierenden Ergebnisse dieser Ablaufphase in Form einer Fokusgruppe mit potenziellen Anwendern des Assistenzsystems, ohne Beteiligung an der Instanziierung. Dadurch werden die in der Ideation identifizierten Anforderungen an ein zu entwickelndes Assistenzsystem, die sich aus den Arbeitsaufgaben und dem Anwendungskontext ergeben (vgl. Kapitel 4.4.1), und die entstandenen Gestaltungsideen zu den abgeleiteten Funktionen für das Assistenzsystem bewertet.

In der *zweiten Evaluationsphase* findet die Bewertung der verwendeten Verfahren und Werkzeuge der instanziierten Konzeptionsphase mit Hilfe einer deskriptiven Analyse statt. Diese werden hinsichtlich der erhobenen Anforderungen aus der Anwendungsdomäne Produktion (s. Kapitel 3) für die Engineering-Methode beurteilt. Dabei bilden die Ergebnisse der Konzeption in Form der gestalteten Griffvarianten für die Handseite des Assistenzsystems und die prototypisch hergestellten und bewerteten Konzeptmodelle (vgl. Kapitel 4.4.2) die Grundlage der Bewertung.

In der *dritten Evaluationsphase* erfolgt eine quantitative Überprüfung der eingesetzten Fragebogenwerkzeuge innerhalb der Konzeptions- und Konkretisierungsphase der Engineering-Methode. Dazu werden die Konzeptmodelle der Griffvarianten aus der Konzeptionsphase und die aus der Konzeption resultierende, finale Griffvariante (vgl. Kapitel 4.4.3) im Rahmen eines Laborexperimentes mittels Elektromyographie untersucht. Durch diese Vorgehensweise lassen sich die objektiven Ergebnisse aus der Laborstudie mit den Ergebnissen aus den subjektiven Verfahren der Engineering-Methode vergleichen und Rückschlüsse auf deren Informationsqualität ziehen.

In der *vierten Evaluationsphase* findet eine deskriptive Analyse der Ergebnisse aus der finalen Evaluation der Engineering-Methode statt. Dadurch wird die Erfüllung der primären Anforderung an die Engineering-Methode, die Gestaltung einer gebrauchstauglichen tangible Mensch-Maschine-Schnittstelle zu unterstützen, überprüft. Zusätzlich erfolgt eine summative Bewertung der eingesetzten Verfahren und Werkzeuge in den einzelnen Ablaufphasen der Engineering-Methode im Rahmen einer Fokusgruppe mit Planern aus der Anwendungsdomäne Instandhaltung.

Der Fokus innerhalb der Artefakt-Evaluation der Engineering-Methode orientiert sich am Fokus der Gestaltungsphasen Ideation, Konzeption, Konkretisierung und Finalisierung (s. Kapitel 4.2.1) und verschiebt sich mit jeder Evaluationsphase zunehmend von der Engineering-Methode zum physischen Artefakt als Ergebnis der Instanziierung. Während zu Beginn die eingesetzten Verfahren und Werkzeuge in Analyse, Gestaltung, Prototyping und Evaluation im Vordergrund der Bewertung stehen, verändert sich der Evaluationsfokus mit jeder Phase in Richtung der entstandenen physischen Artefakte im Zuge der Anwendung der Engineering-Methode. Dadurch wird zum einen die Überprüfung der eingesetzten Verfahren und Werkzeuge hinsichtlich der Anwendbarkeit in der Anwendungsdomäne und zum anderen die Bewertung der resultierenden physischen Artefakte in Form von Prototypen sichergestellt. Diese Vorgehensweise vermeidet eine künstliche Evaluation und rückt die Ergebnisse der instanziierten Engineering-Methode in den Mittelpunkt. Abbildung 27 zeigt die Verschiebung des Fokus in Abhängigkeit der jeweiligen Evaluationsphase.

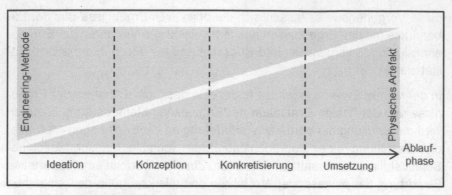

**Abbildung 27:** **Fokus der Artefakt-Evaluation**

*Quelle:*         *eigene Darstellung (vgl. Abbildung 15)*

In den folgenden Kapiteln wird die iterative Evaluation der instanziierten Engineering-Methode in der Anwendungsdomäne Instandhaltung beschrieben. Dazu erfolgen zu jeder Ablaufphase eine Beschreibung der Ergebnisse durch die Instanziierung sowie eine Evaluation der Engineering-Methode.

## 5.4 Instanziierung und Evaluation der Engineering-Methode in der Domäne Instandhaltung

In der digitalisierten Instandhaltung werden Zustandsdaten, relevante Informationen und verfügbare Ressourcen direkt zwischen Maschinen und Anlagen ausgetauscht. Dadurch lassen sich Inspektionen, Wartungsarbeiten und Instandhaltungsmaßnahmen ohne menschliche Eingriffe koordinieren (Spath et al. 2013). Mit dem Einsatz mobiler Endgeräte werden dem Instandhalter alle relevanten Informationen wie Maschinenzustand, Wartungshistorie und Reparaturanleitungen mobil und ortsunabhängig zugänglich (Scheer 2013). Die Schnittstelle zwischen Instandhalter und Maschine bestand bisher aus dem direkt tangiblen Bereich der Maschine selbst, z.B. Bedien- und Steuerelementen, und erweitert sich um den indirekt tangiblen Bereich eines mobilen Endgerätes, z.B. Drehdrücksteller eines Tablet-PCs, zur Steuerung der Maschine.

Aktuell verfügbare mobile Endgeräte für den industriellen Einsatz weisen allerdings erhebliche Defizite im Bereich der systemischen Anforderungen, resultierend aus den Veränderungen infolge der Digitalisierung, und den Anforderungen der Nutzer auf. Zwar bieten Hardwarehersteller bereits mobile Lösungen für den Produktions- und Logistikbereich an, beachten dabei allerdings nur industrielle Eigenschaften wie eine robuste Bauweise sowie Staub und Spritzwasserschutz (Gorecky et al. 2017).

Die Instanziierung der Engineering-Methode verfolgt daher das Ziel der Gestaltung eines mobilen Assistenzsystems für Instandhalter in Produktionsumgebungen der Industrie 4.0, das die Anforderungen an die tangible Mensch-Maschine-Schnittstelle der Instandhalter berücksichtigt und eine hohe Gebrauchstauglichkeit aufweist. Die folgenden Teilkapitel beschreiben die Instanziierung der Engineering-Methode und deren iterative Evaluation entlang der einzelnen Ablaufphasen.

### 5.4.1 Ablaufphase Ideation

Die folgenden Abschnitte beschreiben zunächst die Instanziierung der Ablaufphase Ideation. Dazu werden die durchgeführten Schritte zur Analyse, Gestaltung, Prototyping und Evaluation sowie dafür eingesetzte Verfahren und Werkzeuge beschrieben. Anschließend erfolgt die erste Artefakt-Evaluationsphase der Engineering-Methode mit methodischem Vorgehen und Ergebnissen.

#### 5.4.1.1    Instanziierung der Ideation

Die Ideationsphase dient der Identifikation relevanter Anforderungen an die tangible Mensch-Maschine-Schnittstelle des zu entwickelnden Assistenzsystems für Instandhalter. Dazu erfolgen im ersten Schritt eine Analyse des Nutzungskontextes und die Ableitung der Anforderungen. Die resultierenden Ergebnisse bilden die Grundlage für die Generierung und prototypische Umsetzung von Gestaltungsideen, die abschließend evaluiert werden.

*Analyse*

Für die Erhebung der Anforderungen an die tangible Mensch-Maschine-Schnittstelle des mobilen Assistenzsystems erfolgte eine Aufgabenanalyse und Kontextanalyse in Unternehmen der Automobil- und Automobil-zulieferindustrie. Anschließend wurden die Ergebnisse mit Instandhaltern im Rahmen einer Fokusgruppe (n=6) diskutiert und ein grundlegendes Nutzungsszenario erarbeitet.

Im Rahmen der *Aufgabenanalyse* resultieren typische Aufgaben der In-standhalter: Wartung, Instandsetzung, Inspektion und die Verbesserung von Maschinen und Anlagen zählen dabei zu den Grundaufgaben in der Instandhaltung (DIN 31051). Während Wartungsarbeiten und Inspektionen in der Regel planbar sind, lassen sich auftretende Störungen an Maschi-nen und Anlagen bisher nur selten voraussehen und erfordern eine schnelle Reaktion, um Produktionsausfälle zu vermeiden. Durchgeführte Aufträge beinhalten nach DIN 31051 zudem die Planung, Durchführung, Funktionsprüfung inklusive Abnahme, Fertigmeldung und Dokumentation von Instandhaltungsmaßnahmen.

Die *Kontextanalyse* erfolgte mittels 18 leitfadengestützten Interviews (Deutsche Akkreditierungsstelle 2010) mit Instandhaltern und teilnehmen-den Beobachtungen im Instandhaltungsprozess. Zur Instandsetzung in-folge einer aufgetretenen Störung sammeln Instandhalter zunächst alle wichtigen Informationen zur fehlerhaften Anlage. Dazu stehen aktuell ver-schiedene Informationssysteme in Form von Datenbanken zur Verfügung, die über Desktop-PCs zugänglich sind. Zusätzlich verfügen Instandhal-tungsabteilungen über ein Offline-Archiv mit Handbüchern zu den einzel-nen Maschinen und Anlagen. Durch die vielfältigen Informationskanäle verwenden Instandhalter ca. 25 Prozent der Arbeitszeit, um alle notwendi-gen Informationen für die Behebung auftretender Störungen zu sammeln. Durch die ortsungebundene Aufgabenerfüllung besteht aktuell keine Mög-lichkeit, alle notwendigen Informationen zu Maschinen und Anlagen kon-textspezifisch und mobil zur Verfügung zu stellen. Bereits pilothaft einge-setzte, industrietaugliche Tablet-PCs zur Lösung dieser Problemstellung erfüllen zwar die Anforderungen an eine robuste Bauweise sowie Öl- und Wasserabweisende Eigenschaften, entsprechen allerdings weder den Nutzeranforderungen von Instandhaltern hinsichtlich Funktionalität, noch den Anforderungen an die Gebrauchstauglichkeit der tangiblen Mensch-Maschine-Schnittstelle.

In den aufgenommenen Daten zeigen sich zunächst grundlegende Anforderungen an ein Assistenzsystem zur mobilen Bereitstellung kontextspezifischer Informationen. So zählen eine robuste Bauweise, d.h. Unempfindlichkeit ggü. Wasser, Öl und Stürzen, eine intuitive Bedienung des Systems sowie eine Tablet-artige Bauweise mit einer Displaydiagonalen von acht bis zehn Zoll zu den nicht-funktionalen Anforderungen an das zu entwickelnde System. Darüber hinaus ergeben sich folgende funktionale Anforderungen an die tangible Mensch-Maschine-Schnittstelle: eine ergonomische und sichere Handhabung, die Bedienung mittels Touchscreen und physischer Bedienelemente, eine aufwandsarme Transportmöglichkeit, die Möglichkeit zum Hinstellen auf ebenen Flächen sowie zum Anheften an Maschinen und Anlagen während des Instandhaltungsprozesses (Wächter und Bullinger 2015).

Die erhobenen Anforderungen bilden die Grundlage für ein *Nutzungsszenario*, das im Rahmen einer Fokusgruppe mit zukünftigen Anwendern aus der Instandhaltung (n=6) diskutiert und finalisiert wird. Im Falle einer Störung erhalten Instandhalter zukünftig eine Meldung über das mobile Assistenzsystem. Infolge der Aufgabeninhalte tragen die Instandhalter in der Regel Handschuhe während ihrer Tätigkeit, was das taktile Empfinden und die Bedienung über den Touchscreen stark einschränkt. Durch die Möglichkeit einer sicheren Handhabung und der Bedienung über physische Bedienelemente lassen sich eingehende Benachrichtigungen trotzdem annehmen, bearbeiten sowie eine sichere Handhabung des Systems gewährleisten. Auf dem Weg zur nächsten Aufgabe lässt sich das mobile Assistenzsystem einfach an einem Transportmittel oder dem Werkzeugwagen befestigen und dadurch ohne zusätzlichen Aufwand zum Einsatzort transportieren. Für die Reparatur einer Anlage benötigen Instandhalter beide Hände. Diese Anforderung erfüllt die Möglichkeit des Abstellens auf ebenen Flächen. Bei Instandhaltungsarbeiten innerhalb einer Anlage oder fehlenden Abstellmöglichkeiten lässt sich das Assistenzsystem zudem an die Maschine oder Anlage anheften, um notwendige Informationen, z.B. Handlungsleitfäden, auch im Sichtbereich zur Verfügung zu stellen.

Die identifizierten Anforderungen aus der Aufgaben- und Kontextanalyse und das abgestimmte Nutzungsszenario bilden den Anforderungskatalog und die Grundlage für alle weiteren Ablaufphasen.

*Gestaltung*

Aufbauend auf den identifizierten Anforderungen erfolgt eine *Funktionsanalyse* als Basis einer systemergonomischen Gestaltung (Schlick 2010). Dazu werden zunächst die einzelnen Funktionen des Assistenzsystems mittels Brainstorming von den Produktgestaltern festgelegt. Aus den Anforderungen der Instandhalter an eine ergonomische und sichere Handhabung sowie eine Bedienung über physische Bedienelemente ergeben sich die grundlegenden Funktionen einer ergonomischen Griffform in Verbindung mit Steuer- und Bedienelementen und einer Hardware-Tastatur zur Interaktion mit der Softwareoberfläche. Zusätzlich resultieren eine Halterung für die Absicherung der Transportmöglichkeit sowie Funktionen zum Hinstellen und Anheften des Assistenzsystems. Abbildung 28 zeigt die abgeleiteten Funktionen aus den erhobenen Anforderungen und stellt die Abhängigkeiten zwischen den einzelnen Funktionen dar.

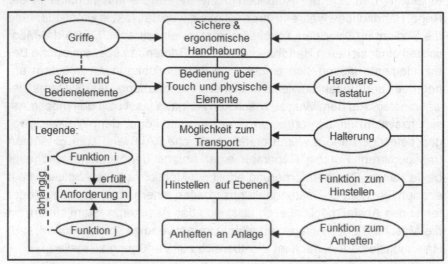

**Abbildung 28: Abgeleitete Funktionsstruktur aus den Anforderungen**
*Quelle:*          *eigene Darstellung*

*Prototyping*

Unter Verwendung der *Galeriemethode* (s. Kapitel 4.3.3.2) wurden vier Gruppen (A, B, C, D), bestehend aus Nicht-Anwendern (6 weiblich, 11 männlich), mit den Anforderungen konfrontiert, um Vorprägungen zu vermeiden und möglichst viele verschiedene Gestaltungsideen zu generieren. Mittels *Brainstorming* generierten die Teilnehmer zunächst explorativ verschiedene Ideen zur Umsetzung der abgeleiteten Funktionen und diskutierten diese innerhalb der Gruppen. Anschließend erhielten die Teilnehmer die Möglichkeit, die kontextunabhängigen Lösungsvarianten mittels Modelliermasse prototypisch zu modellieren. Dazu wurden den Funktionen verschiedene Farben (Griffe – grau, Steuer- und Bedienelemente – grün, Funktion zum Anheften und Halterung – gelb, Funktion zum Hinstellen – lila) zugeordnet und ein handelsübliches Schneidbrett als Tablet-Ersatz zur Verfügung gestellt. Für die Funktion einer Hardware-Tastatur wurden ebenfalls Ideen gesammelt, auf Grund der festgelegten Gestaltung allerdings nicht mittels Modelliermasse umgesetzt. Die entstandenen Gestaltungsideen der Fokusgruppen (Abbildung 29) zeigen die Verknüpfung von Haltegriffen mit Steuer- und Bedienelementen und bilden eine variantenreiche Ideengrundlage, die in den folgenden Ablaufphasen auf den Instandhaltungsprozess adaptiert wird.

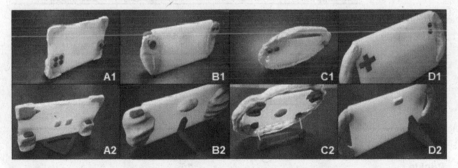

**Abbildung 29: Gestaltungsideen der Fokusgruppen in der Ablaufphase Ideation**
*Quelle:        eigene Darstellung*

## Evaluation

In einer Fokusgruppe Produktgestaltern (n=5) wurden die entstandenen Gestaltungsideen in Verbindung mit den Funktionsbeschreibungen der Gruppen mittels *Brainstorming* diskutiert und durch die Vergabe von jeweils drei Punkten bewertet (Tabelle 20). Dabei wurden die Anforderungen, die sich aus dem industriellen Kontext und dem Nutzungskontext der Instandhaltung ergeben, berücksichtigt.

**Tabelle 20:**    **Funktionsbeschreibung und Bewertung der Gestaltungsideen**
*Quelle:*       *eigene Darstellung*

| Funktion | Gruppe | | | |
| --- | --- | --- | --- | --- |
| | A | B | C | D |
| F1: Handhabung | Griffe (kurz) | Griffe mit Fingermulden | ovaler Griff | Handschlaufen (seitlich) |
| **Punkte** | 3 | **12** | 0 | 0 |
| F2: Steuer- und Bedienelemente | Joystick und Taster (vorn/hinten) | Joystick und Taster (vorn/hinten) | Joystick und Taster (vorn/hinten) | Joystick und Taster (vorn) |
| **Punkte** | 0 | **15** | 0 | 0 |
| F3: Funktion zum Hinstellen | Standfuss (nach unten ausklappbar) | Standfuss (extra zu montieren) | Standfuss (nach hinten ausklappbar) | Standfuss (seitlich ausklappbar) |
| **Punkte** | 1 | 0 | **7** | **7** |
| F4: Halterung für Transport | Magnetstreifen für Armband | Magnetstreifen für Brustgurt | Ösen für Tragegurt | Klicksystem |
| **Punkte** | 0 | 0 | 5 | **10** |
| F5: Funktion zum Anheften | Magnet auf der Rückseite | Magnet auf der Rückseite | magnetischer Griff | Klicksystem |
| **Punkte** | **8** | | 0 | 7 |
| F6: Hardware-Tastatur | mobile Tastatur | | | |
| **Punkte** | **15** | | | |

Abbildung 30 zeigt die Gestaltungsideen der einzelnen Funktionen, die im Rahmen der Evaluation am besten bewertet wurden und als Grundlage für die weiteren Ablaufphasen dienen.

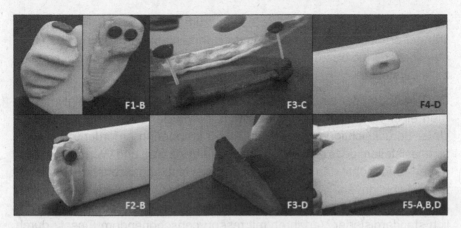

**Abbildung 30: Ergebnisse der Evaluation in der Ablaufphase Ideation**
*Quelle:* eigene Darstellung

Im Rahmen der Bewertung fand zusätzlich eine Priorisierung der Gestaltungsinhalte für die folgenden Ablaufphasen statt. Aufgrund der vielen Ideen zu möglichen Griffvarianten als Basis der Bedien- und Steuerelemente konzentriert sich die Konzeptionsphase auf die Gestaltung einer geeigneten, ergonomischen Griffform als Ausgangspunkt für alle weiteren Funktionen. Diese werden im Rahmen der Konkretisierungsphase erarbeitet und zusammen mit der finalen Griffvariante durch ausgewählte Instandhalter bewertet. Die entstandenen Gestaltungsideen der Ideationsphase fließen dabei kontextspezifisch in die Ablaufphasen Konzeption und Konkretisierung ein.

### 5.4.1.2 Evaluation der Ideation

Schwerpunkt der Ideationsphase stellt die Erhebung der Anwenderanforderungen und des Anwendungskontextes sowie die Generierung von verschiedenen Gestaltungsideen. Diese bilden die Grundlage für die weitere Entwicklung sowie Priorisierung der Inhalte für die folgenden Ablaufphasen (s. Kapitel 4.4.1). Der Fokus liegt zunächst auf der methodischen Vorgehensweise und weniger auf den prototypisierten Gestaltungsideen (vgl. Kapitel 5.3). Die Bewertung der Ideationsphase erfolgt zum einen hinsichtlich der angewendeten Verfahren und Werkzeuge mit Blick auf die erhobenen Anforderungen in Kapitel 3.3 und zum anderen bezüglich der Qualität der erhobenen Anforderungen im Rahmen einer Fokusgruppe mit Instandhaltern, die bis zu diesem Zeitpunkt keinen Teil des Entwicklungsprozess darstellen.

Die Bewertung der eingesetzten Verfahren und Werkzeuge erfolgt im Rahmen einer Fallstudie durch die Instanziierung der Engineering-Methode. Unter Berücksichtigung der in Kapitel 3.3 erhobenen Anforderungen lässt sich feststellen, dass sich die eingesetzten Verfahren und Werkzeuge: Aufgaben- und Kontextanalyse, Fokusgruppe, Nutzungsszenario, Brainstorming, Funktionsanalyse sowie Galeriemethode für den Einsatz in der industriellen Praxis eignen. Sowohl die allgemeinen Anforderungen hinsichtlich standardisierter Verfahren mit ressourcenschonendem Einsatz durch geringere Anwendungszeit und einfache Auswertung (s. Kapitel 3.3.2) als auch die spezifischen Anforderungen an Verfahren und Werkzeuge zur systematischen Gestaltung und Evaluation von tMMS erweisen sich als erfüllt.

Mit Hilfe einer Fokusgruppe mit Instandhaltern (n=6), die nicht an der Ideationsphase teilgenommen haben, erfolgt die Bewertung der aufgenommenen Anforderungen an die tangible Mensch-Maschine-Schnittstelle hinsichtlich Qualität und Vollständigkeit. Dazu wurden zunächst Ausgangssituation und Zielstellung des Entwicklungsvorhabens vorgestellt und anschließend mit den Teilnehmern diskutiert. Die Auswertung der Daten nach Glaser und Strauss (1967) zeigt, dass die Instandhalter die erhobenen Anforderungen bestätigen und die erarbeiteten Funktionen als eine umfassende Grundlage für die Gestaltung des Assistenzsystems bewerten. Dieses Ergebnis zeigt den erfolgreichen Einsatz der verwendeten Verfahren und Werkzeuge sowie deren Anwendbarkeit im Rahmen der Engineering-Methode.

### 5.4.2 Ablaufphase Konzeption

In den folgenden Abschnitten wird zunächst die Instanziierung der Konzeptionsphase beschrieben. Dazu werden die durchgeführten Schritte zur Analyse, Gestaltung, Prototyping und Evaluation sowie dafür eingesetzte Verfahren und Werkzeuge beschrieben. Anschließend erfolgt die zweite

Artefakt-Evaluationsphase der Engineering-Methode mit methodischem Vorgehen und Ergebnissen.

### 5.4.2.1 Instanziierung der Konzeption

Die inhaltliche Ausrichtung der Konzeptionsphase basiert auf den Evaluationsergebnissen der Ideation. Mit dem Fokus eine ergonomische Griffform für die Handseite der tangiblen Mensch-Maschine-Schnittstelle zu erarbeiten, werden zunächst bestehende Lösungen analysiert und anschließend verschiedene Lösungsvarianten gestaltet. Nach der prototypischen Umsetzung erfolgt eine nutzerzentrierte Evaluation der erstellten Griffvarianten mit Instandhaltern.

*Analyse*

Aufbauend auf den Ergebnissen der Funktionsanalyse in der Ideationsphase erfolgt im ersten Schritt eine Suche nach vorhandenen Lösungen für Griffe von Tablet-artigen Systemen. Durch die Untersetzung des Nutzungsszenarios im Rahmen einer *Fokusgruppe* mit Produktgestaltern (n=3) lassen sich anschließend die Anforderungen an einen ergonomischen Griff ableiten, eine Funktionsanalyse für die Griffe durchführen und dadurch die Basis für die Gestaltung verschiedener Griffvarianten herstellen.

Die *Lösungssuche* dient der systematischen Recherche nach vorhandenen Lösungen und Erfahrungen aus Literatur und Praxis. Dazu werden im ersten Schritt bereits verfügbare mobile Endgeräte hinsichtlich der eingesetzten Griffvarianten untersucht und im Rahmen einer Fokusgruppe hinsichtlich deren Vor- und Nachteile bei einem Produktionseinsatz mit Produktgestaltern bewertet (Tabelle 21).

**Tabelle 21:**   Vergleich verfügbarer mobiler Endgeräte für den mobilen Einsatz
*Quelle:*           *eigene Darstellung*

| Tablet-PC | nichtfunktionale Anforderungen | tangible Mensch-Maschine-Schnittstelle |
|---|---|---|
| Zebra ET50 / ET55 | • 8,3/10,1 Zoll Display<br>• Robuste Bauweise<br>• MIL-STD 810G Zertifizierung<br>• IP65 (Staub- und Wasserdicht) | + optional: Handschlaufe<br>– keine ergonomischen Griffe<br>– keine Steuerelemente für die Software<br>– keine Anheftfunktion |
| Panasonic FZ-G1 | • 10,1 Zoll Display<br>• Robuste Bauweise<br>• MIL-STD 810G Zertifizierung<br>• IP65 (Staub- und Wasserdicht) | + programmierbare Funktionstasten<br>+ optional: Handschlaufe<br>– keine ergonomischen Griffe<br>– keine Steuerelemente für die Software<br>– keine Anheftfunktion |
| Xplore Motion F5M | • 10,1 Zoll Display<br>• Robuste Bauweise<br>• MIL-STD 810G Zertifizierung<br>• IP54 (Staub- und Wasserschutz) | + programmierbare Funktionstasten<br>+ Steuerkreuz zur Bedienung der Software<br>+/– Bügelgriff für Transport (aber: sehr groß)<br>– keine ergonomischen Griffe<br>– keine Anheftfunktion |
| Kontron KT-RT-I5 | • 10,1 Zoll Display<br>• Robuste Bauweise<br>• MIL-STD 810G Zertifizierung<br>• IP65 (Staub- und Wasserdicht) | + programmierbare Funktionstasten<br>+ optional: Handschlaufe<br>– keine ergonomischen Griffe<br>– keine Steuerelemente für die Software<br>– keine Anheftfunktion |
| Getac RX10 | • 10,1 Zoll Display<br>• Robuste Bauweise<br>• MIL-STD 810G Zertifizierung<br>• IP65 (Staub- und Wasserdicht) | + programmierbare Funktionstasten<br>+ optional: Handschlaufe, Seitenstütze<br>+/– Bügelgriff für Transport (aber: sehr groß)<br>– keine ergonomischen Griffe, Anheftfunktion<br>– keine Steuerelemente für die Software |

Die Ergebnisse zeigen, dass die untersuchten Endgeräte zwar teilweise eine Verdickung des Rahmens zum besseren Greifen aufweisen, allerdings eine ergonomische Griffgestaltung vermissen lassen. Um den aktuellen Stand der Praxis in die Bewertung durch die Instandhalter zu integrieren, erfolgt die Auswahl einer Griffvariante für die folgende Gestaltungsphase. In der Literatur existieren mit der DIN EN 894-3 (2010) und Bullinger et al. (2013) zwar Normen und Richtlinien zur Gestaltung ergonomischer Stellteile an stationären Systemen und ergonomischer Griffe von Handwerkzeugen, Gestaltungshinweise für mobile Endgeräte und deren abweichende Anforderungen fehlen jedoch (VDI 3850). Die Beachtung anthropometrischer Variablen bildet eine wichtige Grundlage für die kontextspezifische Anpassung einer Griffform (Sáenz 2011). Vor diesem Hintergrund entsteht eine weitere Griffform, bei der die anthropometrischen Erkenntnisse aus DIN EN 894-3 (2010) und Bullinger et al. (2013) einfließen. Zusammen mit den Ergebnissen aus der Ideationsphase resultieren aus der Analyse drei grundlegende Griffvarianten, die es folglich zu gestalten gilt – Griff 1 basierend auf den Evaluationsergebnissen der Ideation, Griff 2 als Ergebnis der Analyse bestehender Griffformen an industrietauglichen Tablet-PCs und Griff 3 auf Grundlage der in der Literatur verfügbaren Gestaltungshinweise für ergonomische Griffformen.

Durch die erweiterte Betrachtung des *Nutzungsszenarios* in einer Fokusgruppe mit Instandhaltern und Produktverantwortlichen (n=6) lassen sich wichtige Informationen für die Gestaltung und Anordnung der Griffe identifizieren. So ergeben sich aus den Arbeitsabläufen und den Anforderungen an die Bedienung eine Anzahl von zwei Griffen, da das mobile Assistenzsystem sowohl eine beidhändige (bei der Bedienung über die physischen Bedienelemente) als auch einhändige Handhabung (für die Bedienung mittels Touchscreen und oder bei gleichzeitiger Bedienung anderer Stellteile an einer Anlage) unterstützen muss. Vor dem Hintergrund des erweiterten Nutzungsszenarios werden ein weiteres Mal alle identifizierten Funktionen mit den zukünftigen Anwendern hinsichtlich deren Umsetzbarkeit diskutiert. Aufgrund einer erschwerten, mobilen Handhabung, resultiert ein Wegfall der mobilen Hardware-Tastatur für das mobile Assistenzsystem. Dementsprechend wird diese Funktion im weiteren Vorgehen nicht näher betrachtet (Tabelle 22).

**Tabelle 22:**    **Ankerzitate der Instandhalter in der Analyse der Konzeption**
*Quelle:*          *eigene Darstellung*

| Proband | Funktion | Ankerzitat |
|---|---|---|
| Instandhalter 3 | Hardware-Tastatur | „Keine Hardware-Tastatur. Wenn dann geht er an seinen Stützpunkt oder in das Büro und steckt sein Tablet in die Dockingstation." |
| Instandhalter 4 | Hardware-Tastatur | „Die Idee ist dann eher, dass man sagt die Tastatur im Touch mit drinnen – wenn ich sie brauch kann ich darüber die wenigen Eingaben machen." |
| Instandhalter 5 | Hardware-Tastatur | „Tastatur ist auch wieder aufwendig - dann musst du die Tastatur immer mit dir rumtragen." |

## Gestaltung

Aufbauend auf den Ergebnissen der vorangegangenen Analyse erfolgt zunächst die Gestaltung der drei grundlegend verschiedenen Griffformen mittels *CAD*. Während Griff 1 auf den kombinierten Evaluationsergebnissen der Ideationsphase aufbaut und im Zuge der CAD-Konstruktion die anthropometrischen Maße der Hand (DIN 33402-2) berücksichtigt, orientiert sich Griff 2 an einem mobilen Bedienpanel für den industriellen Einsatz. Die Grundlage für Griff 3 stellen die in der Literatur verfügbaren *Gestaltungsrichtlinien* für Stellteile aus DIN EN 894-3 dar (Abbildung 31).

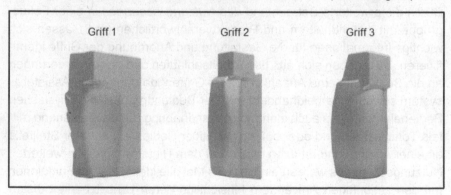

**Abbildung 31: Digitale Konzeptmodelle der Griffvarianten**
*Quelle:*          *Wächter und Bullinger (2016c)*

Aus der *Funktionsanalyse* für die Gestaltung von Griffen nach Bullinger et al. (2013) resultieren für den Einsatz des mobilen Endgerätes eine aufrechte Körperhaltung bei freien Bewegungsraum für das Hand-Arm-System sowie anatomisch günstige Bewegungsmöglichkeiten und ist daher aus ergonomischer Sicht vertretbar. Zusätzlich ergibt sich eine vertikale Griffachse mit einem Zufassungsgriff (DIN EN 894-3) als grundlegender Parameter für die Gestaltung der finalen Griffvariante. Infolge des erweiterten Nutzungsszenarios und der Möglichkeit, das mobile Assistenzsystem einhändig und beidhändig bedienen zu können, wird je ein Griff für die linke und rechte Seite des mobilen Assistenzsystems gestaltet.

*Prototyping*

Im Rahmen des Prototyping werden die digital gestalteten Konzeptmodelle mittels dem 3D-Druckverfahren FDM hergestellt. Um eine hohe Vergleichbarkeit der verschiedenen Griffvarianten zu gewährleisten, kommen bei jeder Griffvariante die gleichen Einstellungen, Materialien und Farben zum Einsatz. Anschließend werden die gleichfarbigen Griffvarianten paarweise an jeweils einem, als Tablet-Ersatz verwendetem, Schneidbrett angebracht. Es resultieren drei verschiedene, Low-fidelity Konzeptmodelle mit lokaler Ausrichtung (vgl. Kapitel 4.3.3) für die anschließende Evaluation des mobilen Assistenzsystems mit zukünftigen Anwendern.

*Evaluation*

Die Bewertung der drei entstandenen Konzeptmodelle erfolgte im Rahmen von drei *Fokusgruppen* mit Instandhaltern (n=15) aus der Automobil- und Automobilzulieferindustrie. Die Aufgabe bestand im Handling der drei verschiedenen Konzeptmodelle mit einer Hand sowie mit zwei Händen und verfolgte das Ziel, die Griffformen hinsichtlich ihres Komforts bei der beidhändigen Handhabung zur Bedienung über physische Bedienelemente und für die einhändige Handhabung für die Bedienung mittels Touchscreen zu beurteilen. Dazu erfolgte eine randomisierte Bewertung der Griffe nach dem lateinischen Quadrat (Bortz und Döring 2016) mit dem *Fragebogen CQH* (Kuijt-Evers et al. 2007), um möglichen Reihenfolgeeffekten vorzubeugen. Die Instandhalter bewerteten nacheinander alle drei Prototypen und konnten anschließend über das Evaluationsverfahren

*„Lautes Denken"* positives und negatives Feedback sowie Verbesserungspotential und Kombinationsmöglichkeiten zu den einzelnen Griffen abge-
ben.

Für die vereinfachte Auswertung der erhaltenen Fragebogendaten dient
die Auswahl der Komfort-Deskriptoren in Abhängigkeit der Intensität der
Arbeitsaufgabe und der Kopplungsart des Handgriffes (Kuijt-Evers et al.
2007). Durch das einfache Halten des mobilen Assistenzsystems ist von
einer geringen Intensität bei der Verwendung des Handgriffes auszuge-
hen. Demnach werden bei der Auswertung nur neun der ursprünglich 15
abgefragten Deskriptoren des Fragebogens betrachtet (Abbildung 32). Die
deskriptive Analyse der Bewertungen (n=15) zeigen eine deutlich bessere
Bewertung der Griffe 1 und 3 im Vergleich zu Griff 2. Das Item „Professio-
nelle Optik" lässt trotz gleicher Materialeigenschaften signifikante Unterschiede ($p$=0,001) zwischen der zweiten Griffvariante und den beiden anderen Griffen erkennen. Die Auswertungen zeigen ebenso einen signifikanten Unterschied ($p$=0,001) zwischen Griffvariante 2 und den beiden anderen Griffvarianten hinsichtlich der Einflussvariablen für den Komfort rund
um die Funktionalität des Griffes. Auch bei der Bewertung des Komfort-
empfinden im Hinblick auf die Beeinträchtigung der Hände („Verursacht
ein Taubheitsgefühl und verringert das taktile Empfinden") werden die
Griffvarianten 1 und 3 signifikant ($p$=0,001) besser bewertet als Griffvariante 2. Zwischen den Bewertungen der ersten und dritten Griffvariante
existieren bei keinem der untersuchten Komfort-Deskriptoren signifikante
Unterschiede. Demnach bevorzugen die Instandhalter diese Griffvarianten.

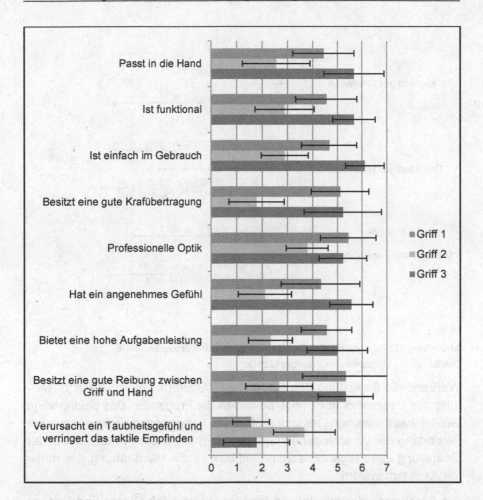

**Abbildung 32: Bewertung der Komfort-Deskriptoren der Konzeptmodelle**
*Quelle:        Wächter und Bullinger (2016c)*

Die Auswertung des Gesamtkomforts bekräftigt die These der bevorzugten Griffvarianten 1 und 3. Aus der Analyse des Gesamtkomforts ergeben sich im Durchschnitt deutlich bessere Bewertungen für Griff 1 mit M=4,89 (SD=1,05) und Griff 3 mit M=5.56 (SD=0,88), während Griff 2 mit M=2,00 (SD=1,00) signifikant (*p*=0,001) schlechter von den Instandhaltern bewertet wird (Abbildung 33).

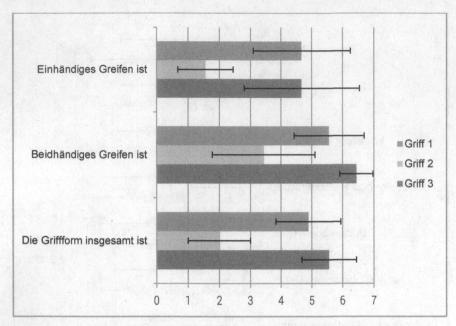

**Abbildung 33: Bewertung des Gesamtkomforts der Konzeptmodelle**
*Quelle:        Wächter und Bullinger (2016c)*

Während die Bewertung des einhändigen Greifens unterhalb der Bewertung des Gesamtkomforts liegt, bewerten die Probanden das beidhändige Greifen besser als den Gesamtkomfort. Die heterogenen Ergebnisse in der Bewertung der verschiedenen Griffvarianten implizieren Potenzial bei der Gestaltung einer ergonomischen Griffform für die Handhabung des mobilen Assistenzsystems.

Die Ergebnisse der qualitativen Inhaltsanalyse nach Glaser und Strauss (1967) zu den erhobenen Rückmeldungen und Verbesserungspotentialen für die verschiedenen Griffvarianten verdeutlichen die quantitativen Ergebnisse des Fragebogens. Die Anwender wünschen sich eine Kombination der Form und Größe von Griffvariante 3, basierend auf den anthropometrischen Richtlinien zu Stellteilen, und der ergonomischen Gestaltung mittels Fingermulden von Griffvariante 1 als Ergebnis der Ideationsphase (Tabelle 23).

**Tabelle 23:** Ankerzitate der Instandhalter in der Evaluation der Konzeption
*Quelle:* *eigene Darstellung*

| Proband | Gruppe | Griff | Ankerzitat |
|---|---|---|---|
| Instandhalter 1 | A | 1 | „Die Anpassform für die Finger fand ich sehr gut." |
| Instandhalter 2 | B | 1 | „Vom Greifen her hat er [Griff 1] mir von allen am besten gefallen." |
| Instandhalter 3 | B | 2 | „Sofort Unsicherheit vorhanden. Man hat es [Griff 2] nicht richtig in der Hand." |
| Instandhalter 5 | C | 2 | „So fühlt sich das extrem unangenehm an." |
| Instandhalter 4 | A | 3 | „Also was ich schön fand, ist diese Balligkeit in der Hand." |
| Instandhalter 1 | C | 3 | „Der [Griff 3] ist gut handlich – liegt füllig In der Hand." |
| Instandhalter 3 | A | 1/3 | „Was ich toll finden würde, ist diese Kombination zwischen Griff 1 und 3" |
| Instandhalter 1 | B | 1/3 | „Ein Mix aus Eins und Drei." |
| Instandhalter 5 | C | 1/3 | „Die ballige Form von Griff 3 mit den Mulden für die Finger von Griff 1." |

Die gewonnenen Erkenntnisse dienen als Grundlage für die finale Gestaltung einer ergonomischen Griffform für das mobile Assistenzsystem und als Ausgangspunkt für die folgende Konkretisierungsphase.

### 5.4.2.2 Evaluation der Konzeption

Mit dem Ziel, eine ergonomische Handseite nach Bullinger et al. (2013) durch komfortable Griffe zu gestalten, konzentriert sich die Konzeptionsphase auf die Analyse, Gestaltung, prototypische Herstellung und Bewertung vorhandener Griffkonzepte aus der wissenschaftlichen Literatur und der Praxis (s. Kapitel 4.4.2). Dabei liegt der Hauptfokus weiterhin auf der methodischen Vorgehensweise, während die entstandenen Prototypen als Bewertungsgrundlage für die Weiterentwicklung der tangiblen Mensch-Maschine-Schnittstelle dienen und dadurch an Beachtung gewinnen (vgl. Kapitel 1). Vor dem Hintergrund der erhobenen Anforderungen in Kapitel 3.3 und auf Basis der entstandenen Konzeptmodelle erfolgt eine *deskriptive* Bewertung der Ergebnisse der durchgeführten *Fallstudie* hinsichtlich der angewendeten Verfahren und Werkzeuge.

Die im Zuge der Analyse eingesetzte Fokusgruppe mit Produktgestaltern zur Erhebung der Anforderungen an die Griffgestaltung erweist sich als ebenso effektiv und effizient wie die damit einhergehende Erweiterung des

Nutzungsszenarios. Basierend auf den Analyseergebnissen entsteht mittels Recherche nach vorhandenen Lösungsansätzen in Literatur und Praxis eine solide Grundlage für die Gestaltung verschiedener Griffkonzepte. So entstanden infolge der Lösungssuche mit dem Vergleich vorhandener Tablet-PCs für den industriellen Einsatz sowie bestehender Richtlinien für die Gestaltung von Stellteilen zwei weitere Griffvarianten als Ausgangspunkt für die Nutzerbewertung. Diese Vorgehensweise deckt den aktuellen Stand der Wissenschaft sowie Technik umfangreich ab und lässt sich einfach und schnell umsetzen. Die Gestaltung der Konzeptmodelle mittels CAD und deren prototypische Herstellung im 3D-Druckverfahren stellen dabei sehr kosteneffektive und anerkannte Vorgehensweisen in der Produktentwicklung dar (Gibson et al. 2015). In den Ergebnissen des angewandten Fragenbogens CQH zur Bewertung des Griffkomforts mittels einzelner Komfort-Deskriptoren und einer Gesamtbewertung lassen sich signifikante Unterschiede in der subjektiven Wahrnehmung zukünftiger Nutzer hinsichtlich der Griffvarianten identifizieren. Die Unterschiede in den Griffbewertungen allein reichen für eine Weiterentwicklung allerdings nicht aus. Mit Hilfe der aufgenommenen, qualitativen Informationen zu Verbesserungspotenzialen und Kombinationen vorhandener Eigenschaften der Griffvarianten erhalten Produktgestalter die Möglichkeit, die Wünsche und Bedürfnisse der zukünftigen Anwender in die weitere Gestaltung zu integrieren. Die gewonnenen Erkenntnisse bekräftigen die Bedeutung einer ergonomisch gestalteten Griffform als Grundlage einer gebrauchstauglichen tangiblen Mensch-Maschine-Schnittstelle. Weiterhin werden der erfolgreiche Einsatz der verwendeten Verfahren und Werkzeuge sowie deren ressourcenschonende Anwendbarkeit im Rahmen der Engineering-Methode deutlich.

### 5.4.3 Ablaufphase Konkretisierung

Die folgenden Abschnitte zeigen zunächst die Instanziierung der Konkretisierungsphase mit den eingesetzten Verfahren und Werkzeugen in Analyse, Gestaltung, Prototyping und Evaluation. Anschließend werden das methodische Vorgehen und die Ergebnisse der dritten Artefakt-Evaluationsphase der Engineering-Methode vorgestellt.

## 5.4.3.1    Instanziierung der Konkretisierung

Die Konkretisierung dient der Gestaltung einer finalen Griffform und aller verbleibenden Funktionen der tangiblen Mensch-Maschine-Schnittstelle des mobilen Assistenzsystems. Basierend auf den Erkenntnissen der Konzeptionsphase erfolgt zunächst die Analyse der identifizierten Funktionen aus der Ideationsphase. Vor diesem Hintergrund entstehen im Rahmen der Gestaltung eine finalisierte Griffform und verschiedene Varianten für Steuer- und Bedienelemente, Halterung und die Funktionen zum Hinstellen und Anheften des mobilen Assistenzsystems. Abschließend findet die Evaluation der Geometriemodelle durch zukünftigen Anwender statt.

*Analyse*

Auf Basis der Evaluationsergebnisse der Konzeptionsphase erfolgt im ersten Schritt eine Analyse der resultierenden Anforderungen an die finale Gestaltung einer ergonomischen Griffform für das mobile Assistenzsystem. Anschließend werden mit Hilfe der Lösungssuche vorhandene Ansätze für die Gestaltung der verbleibenden Funktionen zur Bedienung der Softwareoberfläche, zum Hinstellen und Anheften des mobilen Assistenzsystems an eine Maschine oder Anlage sowie eine Halterung für den Transport recherchiert (s. Kapitel 5.4.1.1). Durch die Detaillierung des Nutzungsszenarios in einer Fokusgruppe mit Instandhaltern ergeben sich spezifizierte Anforderungen an die Gestaltung der einzelnen Funktionen.

Im Rahmen einer *Fokusgruppe* mit Produktgestaltern (n=3) werden zunächst die Ergebnisse der bewerteten Griffvarianten in der Konzeptionsphase ausgewertet. Aus dieser Analyse ergeben sich zwei zentrale Anforderungen der Anwender an die finale Griffgestaltung: ergonomische Fingermulden von Griffvariante 1 und die Balligkeit von Griff 3. Zudem konnten infolge einer domänenübergreifenden Lösungssuche verschiedene Griffformen mit ähnlichen Anforderungen aus den Bereichen der Spieleindustrie und Fotografie identifiziert werden, die eine ähnliche Handhabung aufweisen. So ermöglicht der Griff einer Spiegelreflexkamera aufgrund dessen Formgestaltung ein sicheres, einhändiges Halten. Auch ein separater Einhandgriff auf der Unterseite des mobilen Assistenzsystems, bei

verschiedenen industriellen Mobilen Panels im Einsatz, stellt eine Möglichkeit zur Optimierung des einhändigen Greifens für das mobile Assistenzsystem dar. Auf Basis der Gestaltungsideen aus der Ideationsphase werden verschiedene Gestaltungsmöglichkeiten der physischen Steuerelemente, der Hinstell-Funktion und der Transportfunktion ausgearbeitet (Tabelle 24).

**Tabelle 24:**     **Ergebnisse der Lösungssuche für die Umsetzung der Funktionen**
*Quelle:*     *eigene Darstellung*

| Steuer-elemente | Funktion zum Hinstellen | Transport-funktion | Befestigung an der Anlage |
|---|---|---|---|
| *Joystick* | Docking-Station | Bügelgriff | Haken, Ösen |
| *Steuerkreuz* | *Füße zum Ausklappen* | Tasche | *Magnetisch* |
| *Touchpad* | *Standfuß im Rahmen (Surface)* | Halterung am Körper | Saugnapf |
| | Gewicht im Rahmen | Trageband | Klammer |
| | *Einhandgriff als Standfuß* | *Klemm-Halterung* | Schnellverschluss |
| | angepasste Griffform | *Steck-Halterung* | |
| | | *Halterung Einhandgriff* | |

Anschließend wurden die verschiedenen Lösungsmöglichkeiten mit Instandhaltern und Produktgestaltern (n=5) in einer Fokusgruppe diskutiert
und vor dem Hintergrund des Anwendungsszenarios und den daraus resultierenden Anforderungen, jeweils drei Lösungsvarianten für die folgende Gestaltung ausgewählt (Tabelle 24). Aufgrund der mobilen Anwendung und den Anforderungen an die Handhabung des Assistenzsystems
entfallen verschiedene Lösungsvarianten, wie eine Docking-Station, zu-
sätzliches Gewicht im Rahmen und eine angepasste Griffform für die Funktion zum Hinstellen sowie eine extra mitzuführende Tasche, der Bügelgriff
oder die Halterung am Körper für die Transportfunktion. Der Transport über
ein Trageband wird in Form von Ösen berücksichtigt, in der Gestaltung
allerdings nicht näher betrachtet. Die erweiterte Betrachtung des Anwendungsszenarios zeigt den Einsatz von Rollern in der Instandhaltung als
Ausgangspunkt für die Gestaltung der Transportfunktion. Zudem wird eine
Befestigung des Assistenzsystems an der Anlage über Haken oder Ösen,

einen Saugnapf oder eine Klammer als unzureichend variabel eingestuft. Durch die Beschaffenheit der Maschinen und Anlagen eignen sich für die individuelle Befestigung des Assistenzsystems nach Absprache mit den Instandhaltern vorrangig Magneten, sodass diese Funktion im Rahmen der Gestaltung nicht näher betrachtet und erst im Zuge der Umsetzungsphase prototypisiert wird. Ferner resultiert die Anforderung, dass Bedien- und Steuerelemente der Griffe eine möglichst einprägsame Bedienung der Softwareoberfläche garantieren und eine gleichwertige Bedienmöglichkeit zum herkömmlichen Touchscreen darstellen sollten.

*Gestaltung*

Im ersten Schritt erfolgt die Gestaltung einer ergonomischen Griffform nach Bullinger et al. (2013). Zu diesem Zweck dienen die Ergebnisse der Funktionsanalyse für die Griffe am mobilen Assistenzsystem (Stellung des menschlichen Körpers, Bewegungsmöglichkeiten und -form des Hand-Arm-Systems, Handhaltung, Greif- sowie Kopplungsart) aus der Konzeptionsphase (vgl. Kapitel 5.4.2.1) als Ausgangspunkt für die Ausgestaltung der Griffform und deren Abmessung. Da das Prototyping und die Evaluation der entwickelten Geometriemodelle eine Herstellung mit denselben Materialen und einer dadurch identischen Beschaffenheit der Oberfläche vorsieht, bleiben diese beiden Punkte in der Gestaltung der tangiblen Mensch-Maschine-Schnittstelle unberücksichtigt. Ergänzend zur Vorgehensweise von Bullinger et al. (2013) wird der methodische Ansatz von Harih (2014) berücksichtigt, der eine Dimensionierung des Griffdurchmessers in Abhängigkeit der einzelnen Fingerlängen vorsieht (vgl. Kapitel 4.3.2.2). Unter Verwendung der anthropometrischen Variablen für die Hand (95. Perzentil Mann) nach DIN 33402-2 (2005) und einer angepassten Griffform, resultierend aus der Lösungssuche, entsteht eine finale Griffvariante als Grundlage für die Gestaltung und Anpassung der Bedien- und Steuerelemente des mobilen Assistenzsystems (Abbildung 34). Aus der Funktionsanalyse zur Navigation einer Softwareoberfläche und den Anforderungen an eine möglichst einfache und einprägsame Bedienung, ergeben sich die grundlegenden Funktionen der Bedienelemente: „Bestätigen" und „Zurück". Diese und zwei frei belegbare Drucktaster werden nach DIN EN 894-3 (2010) in der finalen Griffvariante integriert.

**Abbildung 34: Finale Griffform als Ergebnis Gestaltung in der Konkretisierungsphase**
*Quelle:            www.siolex.de (links); eigene Darstellung (rechts)*

Auf Grundlage der vorangegangenen Analyse erfolgt zudem die Gestaltung der ausgewählten Funktionsvarianten zu physischen Steuerelementen, der Hinstell-Funktion und der Transportfunktion mittels CAD, die anschließend mit Hilfe eines morphologischen Kastens (VDI 2222) aufbereitet werden (Tabelle 25). Dank dieser Vorgehensweise besteht die Möglichkeit der Kombination verschiedener Varianten der einzelnen Anforderungen als Grundlage für die spätere Bewertung durch die Instandhalter.

**Tabelle 25:**      **Gestaltungsvarianten der einzelnen Funktionen in den Geometriemodellen**
*Quelle:            eigene Darstellung*

| Funktion | Variante 1 | Variante 2 | Variante 3 |
|---|---|---|---|
| Steuerelement | Joystick | Steuerkreuz | Touchpad |
| Hinstellen | Füße zum Ausklappen | Standfuß im Rahmen | Einhandgriff |
| Transport | Klemmhalterung | Steck-Halterung | Halterung Einhandgriff |

*Prototyping*

Im Rahmen des Prototyping erfolgt die Herstellung der digital gestalteten Geometriemodelle mit Hilfe des FDM 3D-Druckverfahrens. Um eine hohe Vergleichbarkeit der verschiedenen Prototypen zu gewährleisten, werden beim Druck der einzelnen Funktionsvarianten immer die gleichen Einstellungen, Materialien und Farben verwendet. Zur Unterscheidung der verschiedenen Funktionen, werden hier unterschiedliche Farben verwendet. Anschließend wird nach dem Zufallsprinzip jeweils eine Funktionsvariante pro Prototyp ausgewählt und an einem, als Tablet-Ersatz verwendetem, Schneidbrett angebracht. Es resultierten drei verschiedene, Low-fidelity Geometriemodelle mit horizontaler Ausrichtung (vgl. Kapitel 4.3.3) für die anschließende Evaluation des mobilen Assistenzsystems mit zukünftigen Anwendern (Abbildung 35).

**Abbildung 35: Geometriemodell des mobilen Assistenzsystems für Instandhalter**
*Quelle: eigene Darstellung*

*Evaluation*

Die Evaluation der finalen Griffvariante und der drei gestalteten Geometriemodelle mit den Funktionsvarianten erfolgt im Rahmen von drei *Fokusgruppen* mit Instandhaltern (n=15) aus der Automobil- und Automobilzulieferindustrie. Um eine Vergleichbarkeit mit den Konzeptmodellen der Konzeptionsphase zu gewährleisten, werden im ersten Teil der Evaluation alle vier Griffvarianten, die Konzeptmodelle aus der Konzeption und das finale Griffmodell, randomisiert nach dem lateinischen Quadrat (Bortz und Döring 2016) bewertet. Dazu erhalten die Instandhalter analog zu Evaluation der

Konzeptionsphase die Aufgabe, die Handhabung der Prototypen mit einer und mit beiden Händen zu prüfen. Anschließend erfolgt die Bewertung der Griffe mit dem *Fragebogen CQH* (Kuijt-Evers et al. 2007) und die Rückmeldung von Optimierungspotenzialen über das Evaluationsverfahren „Lautes Denken".

Im zweiten Teil der Evaluation erhalten die Instandhalter die drei Geometrieprototypen mit den verschiedenen Funktionsausprägungen, basierend auf der finalen Griffvariante. Die Funktionsausprägungen werden anschließend diskutiert und mittels Mehrpunktvergabe (Lindemann 2007) durch die Instandhalter bewertet. Dazu erhält jeder Instandhalter drei Klebepunkte pro Funktion, die den Funktionsvarianten frei zugeteilt werden. Zusätzlich erhalten die Instandhalter die Möglichkeit, über „Lautes Denken" Feedback zu den Funktionsausprägungen zu geben. Anschließend wird ein Geometriemodell aus den Funktionsvarianten mit der höchsten Punktzahl zusammengestellt und abschließend mit dem Fragebogen SUS (Brooke 1996) bewertet, um vor der finalen Umsetzungsphase eine Einschätzung zur subjektiv wahrgenommenen Gebrauchstauglichkeit des Gesamtsystems zu erhalten.

Analog zur Konzeptionsphase reicht eine vereinfachte Auswertung des Fragebogens CQH über die Auswahl der neun beschriebenen Komfort-Deskriptoren (Kuijt-Evers et al. 2007) infolge der geringen Intensität während der Handhabung des mobilen Assistenzsystems aus. Die deskriptive Analyse der Bewertungen (n=15) zeigen erneut eine signifikant ($p=0.001$) schlechtere Bewertung der zweiten Griffvariante. In den Einflussvariablen des Komforts zur Funktionalität einer Griffform wird die finale Griffvariante durchschnittlich besser bewertet als die in der Konzeptionsphase am besten bewerteten Griffe 1 und 3. Einzig bei der wahrgenommenen Aufgabenleistung werden die finale Griffvariante und Griffvariante 3 gleich gut bewertet. Diese Ergebnisse zeigen eine Verbesserung des wahrgenommenen Komforts für die neu gestaltete Griffvariante (Abbildung 36).

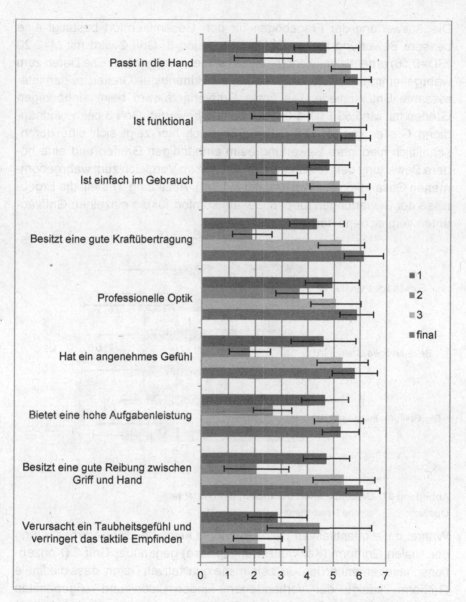

**Abbildung 36: Bewertung der Komfort-Deskriptoren der finalen Griffvariante**

*Quelle:*      *eigene Darstellung*

Die Auswertung der Fragebögen für den Gesamtkomfort bestätigt eine bessere Bewertung für die Griffformen 1 und 3. Griff 2 wird mit M=2,20 (SD=0,56) erneut signifikant ($p$=0,001) schlechter bewertet. Die Daten zum wahrgenommenen Komfort für ein- und beidhändiges Greifen zeigen interessante Unterschiede: Die finale Griffvariante wird beim einhändigen Greifen mit M=5,53 (SD=1,36) am besten bewertet, Griff 3 beim beidhändigen Greifen mit M=6,20 (SD=0.68). Auch hier zeigt sich eine durchschnittlich niedrigere Bewertung beim einhändigen Greifen und eine höhere Bewertung beim beidhändigen Greifen im Vergleich zum wahrgenommenen Gesamtkomfort (vgl. Kapitel 5.4.2.1). Abbildung 37 stellt die Ergebnisse der Bewertungen für den Gesamtkomfort für die einzelnen Griffvarianten vergleichend dar.

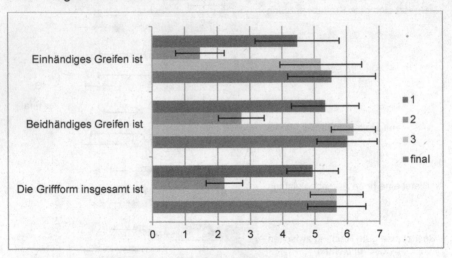

**Abbildung 37:  Gesamtkomfort der finalen Griffvariante**
*Quelle:          eigene Darstellung*

Während die quantitativen Daten zunächst keine deutliche Verbesserung der finalen Griffform (Konkretisierungsphase) gegenüber Griff 3 (Konzeptionsphase) erkennen lassen, zeigen die qualitativen Daten, dass die finale Griffform, infolge der vorhandenen Fingermulden und angepassten Griffdurchmesser in Abhängigkeit der Fingerlängen, als deutlich besser empfunden wird. Allerdings werden ein geringerer Griffdurchmesser und ein abnehmbarer Einhandgriff als Verbesserungspotential genannt.

Die anschließende Bewertung der verschiedenen Funktionsvarianten der Geometrieprototypen durch die Instandhalter gewährleistet eine Auswahl der Funktionsvarianten als Basis für die Gestaltung in der Umsetzungsphase (Tabelle 26).

Tabelle 26:    **Bewertung der gestalteten Funktionsvarianten in den Geometriemodellen**

Quelle:    *eigene Darstellung*

| Funktion | Variante 1 | Punkte | Variante 2 | Punkte | Variante 3 | Punkte |
|----------|-----------|--------|-----------|--------|-----------|--------|
| Steuerelement | Joystick | **19** | Steuerkreuz | 15 | Touchpad | 10 |
| Hinstellen | Füße zum Ausklappen | 7 | Standfuß im Rahmen | 15 | Einhandgriff | **20** |
| Transport | Klemm-halterung | 14 | Steck-Halterung | 12 | Halterung Einhandgriff | **17** |

Die Instandhalter bewerten einen Joystick als Steuerelement, einen zusätzlichen Einhandgriff mit Hinstell-Funktion und eine dafür entwickelte Halterung zum Transport am besten. Nach der Konfiguration eines Geometrieprototypen mit den gewählten Funktionsvarianten und dessen Bewertung mittels Fragebogen SUS (Brooke 1996) ergibt sich ein SUS-Wert von 88,9, der nach Bangor et al. (2009) auf eine hervorragende Gebrauchstauglichkeit hinweist.

### 5.4.3.2    Evaluation der Konkretisierung

Die Konkretisierungsphase verfolgt, basierend auf den gewonnenen Erkenntnissen aus der Konzeptionsphase, die Gestaltung und Evaluation einer finalen Griffform. Weiterhin wird mit der Gestaltung und Auswahl verschiedener Funktionsvarianten in Form von Geometriemodellen die Basis für die Entwicklung eines finalen Funktionsmodells angestrebt. Die formative Evaluation der Konkretisierungsphase zielt zum einen auf die eingesetzten Verfahren und Werkzeuge sowie die resultierenden Ergebnisse der *Feldstudie* in Folge der Instanziierung der Konkretisierungsphase ab. Zum anderen erfolgt im Rahmen eines *Laborexperimentes* die quantitative

Untersuchung der vier gestalteten Griffvarianten mittels Elektromyographie (EMG). Der Vergleich beider Evaluationswerkzeuge soll dabei Hinweise auf die Ergebnisqualität der subjektiven Datenerhebung mittels CQH liefern. Der Evaluationsfokus verschiebt sich dabei von den eingesetzten Verfahren und Werkzeugen hin zur Bewertung der Evaluationsergebnisse für das physische Artefakt in Form des Geometriemodells.

Im Rahmen der Analyse eingesetzte Fokusgruppen mit Produktgestaltern und Anwendern aus der Instandhaltung ermöglichen einerseits eine effiziente Auswertung der Anforderungen an die finale Griffform als Grundlage für deren Gestaltung. Zusätzlich entstehen durch die gemeinsame Lösungssuche, trotz geringem Aufwand, umfangreiche Gestaltungsideen für die verbleibenden Funktionselemente, aus denen infolge der Erweiterung des Nutzungsszenarios mit Instandhaltern verschiedene Funktionsvarianten für die weitere Betrachtung ausgewählt werden. Dadurch erhalten die zukünftigen Anwender die Möglichkeit, sich ressourcenschonend und aktiv am Gestaltungsprozess zu beteiligen. Die durchgeführte Funktionsanalyse mit anschließender Aufbereitung der Gestaltungsvarianten in einem morphologischen Kasten stellt eine einfache Möglichkeit dar, um verschiedene Ausprägungen mehrerer Funktionselemente übersichtlich darzustellen. Die Gestaltung der verschiedenen Funktionsvarianten mittels CAD und deren prototypische Umsetzung im 3D-Druckverfahren bauen auf den Erfahrungen und Grundlagen aus der Konzeptionsphase auf und kommen dadurch noch effizienter zum Einsatz. Die Ergebnisse des Fragebogens CQH zeigen zwar keine signifikant bessere Bewertung der finalen Griffvariante im Vergleich zur in der Konzeptionsphase am besten bewerteten Griffvariante 3, lassen im Hinblick auf die einzelnen Komfort-Deskriptoren allerdings auf einer Optimierung der Griffform schließen. Die qualitativ erhobenen Informationen über das Verfahren „Lautes Denken" ergänzen die Fragebogendaten und zeigen eine klare Verbesserung der Griffform durch die Berücksichtigung der zuvor aufgenommenen Anwenderbemerkungen in der Konzeptionsphase. Der angewandte Verfahrens- und Werkzeugmix zeigt dabei eine effektive und in Verbindung mit einer Fokusgruppe effiziente Form der Nutzerevaluation.

Für den Vergleich der subjektiven Wahrnehmung zum Komfort der verschiedenen Griffvarianten mit objektiven Messdaten, erfolgt eine Laborstudie mittels Oberflächen-Elektromyographie (EMG) zur Untersuchung der elektrischen Aktivität ausgewählter Muskeln. Unter Berücksichtigung der Griffbewertungen in der Konzeptions- und Konkretisierungsphase adressiert die Laborstudie die einhändige Handhabung der Griffvarianten bei der Bedienung der Softwareoberfläche eines Tablet-PCs. Dazu werden die vier Griffvarianten zunächst an jeweils einem Tablet-PC (gleiches Modell und Gewicht) mit acht Zoll Bildschirmdiagonale angebracht. Der Versuchsaufbau orientiert sich an Pereira et al. (2013) und sieht folgende Versuchsaufgabe vor: Die Teilnehmer der Studie (n=32, männlich, Durchschnittsalter: 31,6 Jahre, rechtshändig) halten den Tablet-PC mit der linken Hand, um es mit ihrer dominanten rechten Hand per Touchscreen zu bedienen. Nach Start der Versuchssoftware werden in zwei Durchgängen jeweils zehn randomisierte Zahlen angezeigt, die der Proband anschließend über ein Tastenfeld auf der Touch-Oberfläche eingibt (Pereira et al. 2013). Für die Gewährleistung eines festgelegten Start- und Endpunktes der Eingabe startet und beendet der Proband den Versuch selbstständig über eine Schaltfläche am rechten oberen Bildschirmrand. Diese Anordnung besitzt den Vorteil, dass durch den größtmöglichen Hebel infolge der Touch-Bedienung ein signifikanter Ausschlag im EMG-Signal wahrgenommen werden kann. Diese Peaks definieren als Triggerzeitpunkte den Anfang und das Ende eines Versuchsdurchlaufs. Nach jedem Versuchsdurchlauf erhält der Proband drei Minuten zur Regeneration bevor mit der nächsten Griffvariante fortgefahren wird. Eine Randomisierung der Reihenfolge mit dem lateinischen Quadrat (Sedlmeier und Renkewitz 2008) berücksichtigt dabei mögliche Reihenfolgeeffekte.

Während des Versuches wurden fünf Muskeln mittels EMG (Frequenz: 1500 Hz) gemessen. Der Musculus biceps brachii (BB) befindet sich im Oberarm und ist für die Supination und Flexion des Unterarms, d.h. zur Drehung des Handgelenkes und Beugung des Arm-Systems, zuständig. Der M. flexor carpi ulnaris (FCU) und der M. flexor carpi radialis (FCR) ermöglichen die Beugung der Hand im Handgelenk und der M. brachioradialis (BR) ist für die Beugung des Unterarms, vor allem unter Last zuständig. Diese drei Muskeln befinden sich im Unterarm und besitzen zusammen mit dem M. biceps brachii einen indirekten Einfluss auf die Handhabung des Tablet-PC. Der M. flexor pollicis brevis (FPB) ist für die Flexion, d.h. die Beugung des Daumens, verantwortlich und hat direkten Einfluss auf das Greifen von Gegenständen (Delagi und Perotto 2011; Schünke et al. 2007; Tillmann 2005; Tegtmeier 2016). Abbildung 38 zeigt das linke Hand-Arm-System und die untersuchten Muskeln in der Laborstudie.

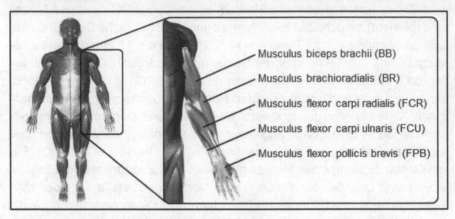

**Abbildung 38: Hand-Arm-System mit untersuchten Muskeln in der Laborstudie**
*Quelle:*        *eigene Darstellung*

Bevor die Probanden mit dem ersten Versuchsdurchlauf beginnen, wird zunächst in drei Messungen mittels statischer Messung über jeweils drei Sekunden die maximale elektrische Aktivierung der einzelnen Muskeln bei maximaler Kontraktion (MVC) bestimmt. Mit Hilfe einer MVC-Normalisierung lassen sich EMG-Daten verschiedener Probanden untereinander vergleichen. Die normalisierten Werte stellen dabei die prozentuale elektrische Aktivierung der Muskulatur bezogen auf die maximale Aktivierung dar und liefern einen Indikator für die vorliegende Beanspruchung der einzelnen Muskeln in Anhängigkeit der betrachteten Griffvariante (Bischoff et al. 2009; Freiwald et al. 2007; Tillmann 2005). Nach einer dreiminütigen Erholungsphase beginnt der Proband mit der ersten Griffvariante. Pro Griffvariante erfolgen drei Messungen mit zweiminütigen Erholungspausen.

Für die statistische Auswertung der aufgenommenen, Daten mit SPSS (IBM Corp. 2014) erfolgt im ersten Schritt eine Bereinigung der Daten. Dazu werden alle mittels Boxplot identifizierten Extremausreißer (dreifacher Interquartilsabstand) extrahiert. Die resultierende Datengrundlage wird mit einer Varianzanalyse mit Messwiederholung (RMANOVA) und anschließendem Post-Hoc-Test nach Bonferroni untersucht. Die Ergebnisse der RMANOVA zeigen signifikante Unterschiede zwischen den verschiedenen Griffvarianten, deren Freiheitsgrad in Abhängigkeit der Sphärizität nach Greenhouse-Geisser korrigiert werden (Tabelle 27).

Tabelle 27: RMANOVA - Test der Innersubjekteffekte mit korrigierten Freiheitsgraden

Quelle: eigene Darstellung

| Muskel | df | F | Signifikanz |
|---|---|---|---|
| BB | 1,621* | 11,906 | 0,001 |
| FCU | 2,197* | 6,125 | 0,003 |
| FCR | 2,118* | 0,887 | 0,422 |
| BR | 3,000 | 2,717 | 0,065 |
| FPB | 1,676* | 12,637 | 0,001 |

* korrigiert nach Greenhouse-Geisser, da Signifikanz der Sphärizität

Abhängig von den untersuchten Muskeln zeigt der Post-Hoc-Test nach Bonferroni signifikante Unterschiede in der Muskelbeanspruchung zwischen den verschiedenen Griffvarianten (Abbildung 39).

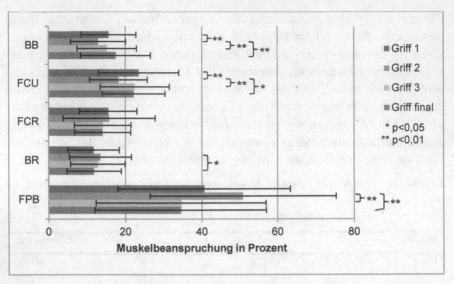

**Abbildung 39: Muskelbeanspruchung beim einhändigen Handling der verschiedenen Griffvarianten**

*Quelle:*          *eigene Darstellung*

Die Unterschiede in der prozentualen Beanspruchung des M. biceps brachi (BB) der Probanden zeigen interessante Ergebnisse. Griffvariante 2, beim subjektiv wahrgenommenen Komfort am schlechtesten bewertet, bewirkt mit M=12,93 Prozent vom MVC (SD=7,21) eine signifikant (p=0,01) niedrigere Beanspruchung als die anderen Griffvarianten. Beim M. biceps bracchi handelt es sich um einen großen Muskel des Oberarms, der infolge der Flexion für das Halten des Tablet-PCs verantwortlich ist. Da die verwendeten Endgeräte inklusive Griffe das gleiche Gewicht besitzen, wird dieser Einflussfaktor ausgeschlossen. Mit dem gemessenen Beanspruchungsbereich im unteren Drittel (zw. 12-18%) kann von einem geringen Einfluss auf den wahrgenommenen Komfort der Griffe ausgegangen werden.

Die Analyseergebnisse des M. flexor carpi ulnaris (FCU) zeigen ähnliche Ergebnisse. Griffvariante 2 bewirkt mit M=18,22 (SD=7,5) eine signifikant niedrigere Beanspruchung (p=0,01; p=0,05) des Muskels, was auf eine vergleichbar höhere Ulnarabduktion beim Einsatz der anderen Griffvarianten schließen lässt (Schünke et al. 2007). In der Auswertung des M. flexor carpi radialis (FCR) lassen sich hingegen keine signifikanten Unterschiede zwischen den Griffvarianten feststellen. Die mit M=11,82 (SD=7,09) signifikant (p=0,05) niedrigere Beanspruchung von Griffvariante 4 im Vergleich zu Griffvarianten 2 kann auf eine veränderte Semipronationsstellung hinweisen (Schünke et al. 2007), die eine Folge der unterschiedlichen Griffform darstellt, allerdings nicht auf einen signifikanten Unterschied in der subjektiven Komfortbewertung hinweist.

In den Ergebnissen zum M. flexor pollicis brevis (FPB), verantwortlich für die Greifbewegung der Hand, zeigt sich mit M=50,84 (SD=24,45) eine hochsignifikant größere Beanspruchung (p=0,001) der Probanden im Test der Griffvariante 2 gegenüber den, in der subjektiven Komfortwahrnehmung am besten bewerteten, Griffvarianten 3 und 4. Der direkte Einfluss dieses Muskels auf die Handhabung der Griffvarianten und die hohen Unterschiede in der Beanspruchung von ca. 15 Prozent lassen, vorbehaltlich weiterer notwendiger Untersuchungen, einen direkten Zusammenhang zur subjektiven Komfortbewertung über den Fragebogen CQH und zum qualitativen Feedback der Anwender vermuten. Die Ergebnisse zeigen, dass sich die subjektiven Ergebnisse auch objektiv reproduzieren lassen und die verwendeten Verfahren und Werkzeuge in der Engineering-Methode plausible Aussagen über die Gestaltung von Griffen zulassen.

Zusammenfassend zeigt der eingesetzte Verfahrensmix, dass die Aufnahme von qualitativen Feedback über das Verfahren „Lautes Denken" für eine nutzerzentrierte Produktgestaltung unbedingt notwendig ist, da Verbesserungsvorschläge der Anwender über einen Fragebogen nur schwer zu erheben sind und die Produktgestalter sonst nicht erreichen und dadurch unbeachtet bleiben. Dieses überdurchschnittlich gute Evaluationsergebnis der Konkretisierungsphase infolge der Bewertung des Geometrieprototypen mit den abgestimmten Funktionsvarianten (SUS-Score: 88,9) zeigt die praxistaugliche Anwendbarkeit des Leitfadens zur Gestaltung gebrauchstauglicher tMMS, der abschließend im Rahmen der Finalisierung mit einem Funktionsprototypen validiert wird.

### 5.4.4 Ablaufphase Umsetzung

In den folgenden Abschnitten wird zunächst die Instanziierung der Ablaufphase Umsetzung beschrieben. Dazu werden die eingesetzten Verfahren
und Werkzeuge innerhalb der Analyse, Gestaltung, des Prototyping und
der Evaluation sowie deren Ergebnisse dargestellt. Anschließend erfolgt
die summative Artefakt-Evaluation der Engineering-Methode unter Berücksichtigung der entwickelten tangiblen Mensch-Maschine-Schnittstelle.

### 5.4.4.1    Instanziierung der Umsetzung

Die Umsetzungsphase zielt auf die Entwicklung und Evaluation eines funktionstüchtigen Prototyps ab, der die Ergebnisse der vorangegangenen Ablaufphasen vereint und in einem realtypischen Anwendungsszenario mit
Instandhalter final bewertet wird. Dazu wird der bisherige Umsetzungs-
stand im Hinblick auf die anfangs erhobenen Anforderungen zunächst analysiert, wichtige Informationen für die Gestaltung des Funktionsmodells abgeleitet und anschließend prototypisch umgesetzt. Die Erkenntnisse aus
der summativen Evaluation des mobilen Assistenzsystems bilden die
Grundlage für die anschließende Übergabe an die Serienentwicklung.

*Analyse*

Die Analyse der Umsetzungsphase zielt auf eine Gegenüberstellung der
identifizierten Anforderungen und Funktionen der tangiblen Mensch-Maschine-Schnittstelle in den vorhergehenden Ablaufphasen mit den bisher
umgesetzten Inhalten im Geometrieprototyp ab. Aufbauend auf den Ergebnissen zum Komfort der finalen Griffvariante sowie der qualitativen Rückmeldungen der Anwender zur Optimierung der Griffgestaltung und Auswahl der weiteren Funktionen, wird das *Nutzungsszenario* in einer *Fokusgruppe* mit Produktgestaltern (n=3) final angepasst und die Basis für die
finale Gestaltung des Funktionsmodells erarbeitet. Tabelle 28 zeigt den
aktuellen Status der realisierten Funktionen, die sich aus den erhobenen
Grundanforderungen ergeben und zusätzlich Unteranforderungen aufweisen.

**Tabelle 28:** **Realisierung der Anforderungen und Funktionen als Grundlage der finalen Umsetzung**

*Quelle:* *eigene Darstellung*

| Grund-anforderung | Funktion | Unter-anforderung | Realisierung | Status |
|---|---|---|---|---|
| Sichere und ergonomische Handhabung | Griffe | ergonomisch, Fingermulden, beidhändig und einhändig haltbar | ergonomisch geformter Griff, Berücksichtigung Anthropometrie | evaluiert |
| Bedienung über Touch und physische Elemente | Steuer-element | einfach, intuitiv und effizient handhabbar wie eine Touch-bedienung | Joystick | |
| | Bedien-elemente | | Drucktaster | |
| Möglichkeit zum Transport | Transport-funktion | | Halterung für Einhandgriff | ausge-wählt |
| Hinstellen auf Ebenen | Hinstell-Funktion | einfache Handhabung | Einhandgriff (abnehmbar) | |
| Anheften an Anlage | Anheft-Funktion | | Magnethalterung | |

Im Vergleich zu den Griffvarianten 1, 2 und 3 geht die finale Griffvariante im Rahmen der Evaluation als komfortabelste Griffvariante hervor. Auf Wunsch der Anwender erfolgt im Zuge der Gestaltung eine Verringerung des Griffdurchmessers für die einzelnen Finger. Eine Anpassung des Nutzungsszenarios und eine erneute *Lösungssuche* sind nicht erforderlich, da keine Ergänzung der bisher erhobenen Anforderungen durch die Anwender stattfand. In der folgenden Gestaltungsphase gilt es nun, die ausgewählten Funktionsvarianten aus der Konkretisierungsphase mit der finalen Griffvariante und einem Tablet-PC zu kombinieren und die funktionsprototypische Umsetzung vorzubereiten.

*Gestaltung*

Die Gestaltung der Umsetzungsphase zielt auf die technische Realisierung des abgestimmten Geometriemodells als Ergebnis der Konkretisierungsphase unter Beachtung der analysierten Rückmeldungen von den Anwendern und der erhobenen Anforderungen an die einzelnen Funktionen ab.

Dazu erfolgt im ersten Schritt mittels *CAD* die Anpassung des Griffdurch-
messers für alle Finger vom 95. Perzentil auf das 90. Perzentil und eine
Anpassung des abgestimmten Geometriemodells, um die notwendige
Technik für die technische Ausgestaltung zu integrieren (Abbildung 40).
Die evaluierte Griffform bleibt dabei erhalten.

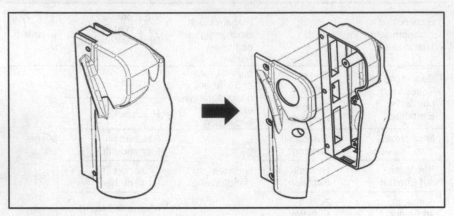

**Abbildung 40: Anpassung des abgestimmten Geometriemodells**
*Quelle:*              *Wächter et al. (2017)*

Anschließend findet im Rahmen einer *Funktionsanalyse* die Festlegung
der notwendigen Komponenten statt. Dabei werden die Zieleigenschaften
Zuverlässigkeit, Wartbarkeit, Verfügbarkeit, Sicherheit sowie Integrität bezüglich der Effizienzanforderungen an eingebettete Systeme – Energiever-
brauch, Codegröße, Laufzeit-Effizienz, Kosten und Gewicht – berücksichtigt (Marwedel 2007). Unter Verwendung eines *morphologischen Kastens*
werden hierfür eine Systemsteuereinheit (Mikrocontroller), eine Kommuni-
kationsmöglichkeit zwischen den Griffen und Tablet-PC (Bluetooth),
Steuer- und Bedienelemente (Joystick, Drucktaster) sowie eine Stromver-
sorgung (Akkumulator) ausgewählt.

*Prototyping*

Aufbauend auf diesen Ergebnissen der Gestaltung wird das eingebettete
System prototypisch nach Goll (2011)entwickelt. Durch die Verwendung
günstiger *hardware- und softwaretechnischer Bausätze* werden die in der

Konkretisierung ausgewählten Steuer- und Bedienelemente funktionsprototypisch umgesetzt. Die mittels 3D-Druckverfahren hergestellten Griffschalen und Tasten werden mit den ausgewählten Komponenten zusammengeführt und an einem Tablet-Rahmen aus Standardkunststoff (PMMA) angebracht. Zur Sicherstellung der notwendigen Robustheit für den Usability-Test wird ein stoßfestes Outdoor-Tablet mit MIL-STD810G2 und IP67-Zertifizerung und 8 Zoll Displaydiagonale verwendet. Dadurch entsteht ein realistisches Funktionsmodell, das den Anforderungen der Anwender gerecht wird.

Die Anforderung nach einem abnehmbaren Einhandgriff, der gleichzeitig die Funktion zum Hinstellen des Assistenzsystems auf ebenen Flächen gewährleistet, wird über Magneten realisiert. Dazu werden in einem Raster von vier Zentimetern kreisförmige Metallscheiben an der Rückseite des Tablet-PC-Rahmens angebracht. Durch die rasterförmige Anordnung von vier Magneten an der Grundplatte des Einhandgriffs lässt sich dieser beliebig am Raster ausrichten und bei Bedarf auch ganz abnehmen. Für die Umsetzung der Funktion zum Anheften des Assistenzsystems an eine Maschine oder Anlage wurde eine magnetische Lösung ausgewählt (s. Kapitel 5.4.3.1). Infolge der eingesetzten Magneten am Einhandgriff wird dieser um einen im Handel erhältlichen Schnellverschluss ergänzt und das Gegenstück an der Rückseite des Funktionsmodells angebracht. Dadurch erhalten die Anwender die Möglichkeit, das Assistenzsystem mit Hilfe der Magneten am Einhandgriff an einer beliebigen magnetischen Oberfläche zu positionieren und mittels Schnellverschluss zu arretieren. Der verwendete Schnellverschluss am Einhandgriff dient gleichzeitig als Gegenstück für eine Halterung zum Transport des Assistenzsystems (Abbildung 41).

**Abbildung 41: Funktionsmodell des mobilen Assistenzsystems für Instandhalter**
*Quelle:        eigene Darstellung*

## Evaluation

Die summative Evaluation erfolgt im Rahmen eines zweiteiligen *Usability-Tests*. Im *ersten Teil* wird das entwickelte Funktionsmodell zunächst in einem realen Instandhaltungsszenario von zukünftigen Anwendern (n=20) getestet und anschließend mittels der Fragebögen *SUS*, *AttrakDiff* kurz und *meCUE* hinsichtlich der wahrgenommenen Gebrauchstauglichkeit und des Nutzererlebens bewertet. Für die Vergleichbarkeit der Ergebnisse mit einer herkömmlich gestalteten tangiblen Mensch-Maschine-Schnittstelle durchlaufen die Probanden den Usability-Test jeweils zweimal. In einem Within-Subject-Design starten die Probanden randomisiert mit einem normalen Tablet-PC oder dem Funktionsmodell. Im Anschluss an jeden Durchlauf bewerten die Instandhalter das verwendete Endgerät mit den beschriebenen Fragebögen.

Die Ergebnisse des SUS zeigen, dass die Instandhalter das Funktionsmodell mit M=88,75 (SD=7,27) signifikant (p<0.01) besser als den handelsüblichen Tablet-PC mit M=68,25 (SD=11,73) und somit als hochgebrauchstauglich bewerten.

Die Auswertung des AttrakDiff ergibt sowohl für die hedonische als auch für die pragmatische Qualität eine bessere Bewertung des Funktionsmodells gegenüber dem Tablet-PC. Abbildung 42 zeigt die Ergebnisse des

AttrakDiff in Form eines Portfolio-Diagramms und den Vergleich der Mittelwerte der wahrgenommenen hedonischen und pragmatischen Qualität sowie der Attraktivität.

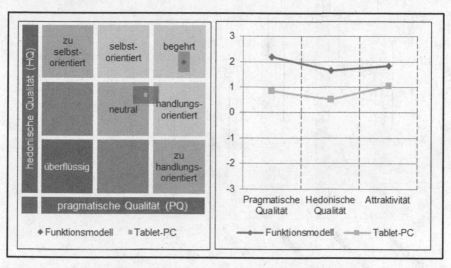

**Abbildung 42:** **Hedonische und pragmatische Qualität der Endgeräte nach AttrakDiff**
*Quelle:* *eigene Darstellung*

Aufbauend auf dem Komponentenmodell der User Experience nach Thüring und Mahlke (2007) besteht der meCUE Fragebogen aus den vier Modulen Produktwahrnehmung, Nutzergefühle, Konsequenzen des Produkteinsatzes sowie Produktattraktivität (Minge et al. 2017). Die Analyse der Fragebogenbewertungen im ersten Modul des meCUE spiegeln die Ergebnisse des SUS zur Bewertung der Gebrauchstauglichkeit des Gesamtsystems wieder. Die befragten Instandhalter bewerten nicht nur die Nützlichkeit (M=6,08; SD=0,53) und die Benutzbarkeit (M=6,50; SD=0,40) sondern auch die visuelle Ästhetik (M=5,63; SD=0,52) die die Statuswahrnehmung (M=4,15; SD=1,33) des Funktionsmodells hochsignifikant besser (p<0,01) gegenüber der Handhabung des Tablet-PC. Abbildung 43 zeigt die Ergebnisse des ersten Moduls zur Produktwahrnehmung der beiden untersuchten mobilen Endgeräte.

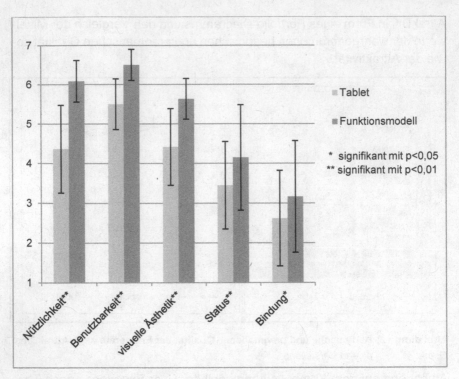

**Abbildung 43: Ergebnisse zur Produktwahrnehmung der mobilen Endgeräte nach meCUE**

*Quelle:*          *eigene Darstellung*

Auch in den restlichen Modulen zu Nutzergefühlen und -konsequenzen wird das Funktionsmodell durchgehend signifikant besser (p<0,001) als der handelsübliche Tablet-PC wahrgenommen (Abbildung 44). In der Gesamtbewertung wird das Funktionsmodell mit M=4,1 (SD=0,60) signifikant besser (p<0,001) bewertet als der Tablet-PC mit M=1,6 (SD=1,67).

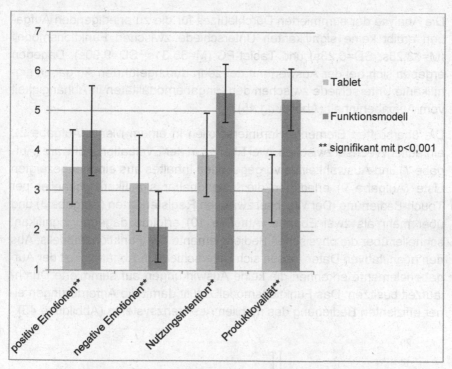

**Abbildung 44: Ergebnisse zu Nutzergefühlen und -konsequenzen für die mobilen Endgeräte nach meCUE**

*Quelle:* *eigene Darstellung*

Für die Überprüfung der Anforderung nach einer effizienten und gleichwertigen Handhabung im Vergleich zu einer Touch-Bedienung erledigen die Instandhalter im *zweiten Teil* einen Aufgabenkomplex. Unter Verwendung einer Evaluationssoftware mit grundlegenden Elementen einer Softwareoberfläche nach Griffiths (2015), z.B. Zurück-Funktion und Einstellungsmenü, bearbeiten die Instandhalter zehn verschiedene Aufgaben, z.B. Scrollen, Auswählen, Ebenen-Wechsel oder Einstellen der Uhrzeit. Die Durchführung der Aufgaben erfolgt randomisiert über Touchscreen (handelsüblicher Tablet-PC) und über die physische Steuer- und Bedienelemente des Funktionsmodells. Dabei erfolgt die Aufnahme der benötigten Zeit für die jeweilige Interaktion zur Auswertung der Effizienz beider Eingabemodalitäten.

Die Analyse der summierten Durchlaufzeit für die zu erledigenden Aufgaben ergibt keine signifikanten Unterschiede zwischen Funktionsmodell (M=63,28s, SD=6,23s) und Tablet-PC (M=65,31s, SD=9,90s). Dagegen ergeben sich bei der Auswertung der zehn durchgeführten Aufgaben signifikante Unterschiede zwischen den Eingabemodalitäten in Abhängigkeit vom Aufgabeninhalt (Abbildung 45).

Die überprüften Elemente Herunterscrollen in einem Menü (Aufgabe 2), einfacher Wechsel zwischen zwei Ebenen in der Evaluationssoftware (Aufgabe 7) und Auswahl eines vorgegebenen Inhaltes aus einer angezeigten Liste (Aufgabe 9) erledigten die Instandhalter signifikant schneller per Touch-Bedienung. Der Wechsel zwischen Registerkarten (Aufgabe 3) und über mehr als zwei Ebenen (Aufgabe 10) erfolgte dagegen signifikant schneller über die physischen Bedienelemente des Funktionsmodells. Aus den quantitativen Daten lassen sich Unterschiede in Abhängigkeit der Aufgabenelemente erkennen die keine Auswirkungen auf summierte Durchlaufzeit besitzen. Das Funktionsmodell erfüllt damit die Anforderungen einer effizienten Bedienung des mobilen Assistenzsystems (Abbildung 45).

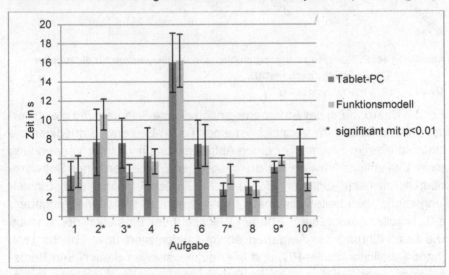

**Abbildung 45: Vergleich der Effizienz zwischen Tablet-PC und Funktionsmodell**
*Quelle:*          *Wächter et al. (2017)*

Aus der qualitativen Datenanalyse (Glaser und Strauss 1967) resultieren aus Anwendersicht Potenziale einer Bedienung über physische Bedienelemente. So äußerten sich mehrere Instandhalter zuversichtlich, mit steigendem Übungsgrad schneller und sicherer über die physischen Bedien- und Steuerelemente mit der Softwareoberfläche interagieren zu können. Die Ergebnisse der durchschnittlichen Gesamtgeschwindigkeit bestätigen diese Einschätzung der Probanden bezüglich einer schnelleren Abarbeitung verschiedener Aufgaben. Zusätzlich entstand bei den Probanden das Gefühl einer direkteren Interaktion über die Bedienelemente als mittels Touch-Bedienung. Eine Gummierung der Griffe im Zuge der Serienentwicklung stellt einen Optimierungsaspekt dar, der im Rahmen der Feldstudie nicht betrachtet wurde. Vor dem Hintergrund der erhobenen Anforderungen und des Nutzungskontextes der Instandhaltung zeigen die Ergebnisse eine hohe Gebrauchstauglichkeit der gestalteten tangiblen Mensch-Maschine-Schnittstelle für das mobile Assistenzsystem.

### 5.4.4.2 Evaluation der Umsetzung

Die Evaluation der Umsetzung beleuchtet zunächst die Ergebnisse der *Feldstudie* dieser Ablaufphase, speziell die eingesetzten Verfahren und Werkzeuge. Anschließend erfolgt eine summative Bewertung der Engineering-Methode mit Planern und Entwicklern aus der Domäne Instandhaltung, die an der nutzerzentrierten Gestaltung des mobilen Assistenzsystems beteiligt waren.

Mit der eingesetzten Fokusgruppe in der *Analyse* des aktuellen Standes der Anforderungs- und Funktionserfüllung ließen sich alle Informationen effizient zusammentragen und das weitere Vorgehen gemeinsam festlegen. Durch die bereits ausgewählten Varianten zur Realisierung der erarbeiteten Funktionen in der Konkretisierung entfielen die Anpassung des Nutzungsszenarios und die erneute Lösungssuche nach offenen Funktionsumfängen. Infolge der ausgereiften Grundlagen aus den vorherigen Ablaufphasen erfolgte die Analyse somit effizienter als ursprünglich vorgesehen.

Für die *Gestaltung* eines Funktionsmodells wurde zunächst eine Funktionsanalyse durchgeführt, um die notwendigen Komponenten zu identifizieren und mittels morphologischem Kasten auszuwählen. Basierend auf den Ergebnissen der Analyse wurden die Rückmeldungen der Anwender zur finalen Griffform im CAD angepasst und alle weiteren Vorbereitungen für das Prototyping getroffen. Dazu wurden die Griffe für die Implementierung der notwendigen Komponenten im Zuge der technischen Ausgestaltung als Griffschalen gestaltet.

Das *Prototyping* auf Basis verfügbarer Hardware- und Softwarebausätze erwies sich als schnell und kostengünstig im Vergleich zu einer grundsätzlichen Neuentwicklung von Hard- und Softwarebausteinen für die Umsetzung des Funktionsmodells. Die Verwendung eines erhältlichen Outdoor-Tablet-PCs als Grundlage für die Abbildung der softwaretechnischen Funktionsinhalte erfüllte die nichtfunktionalen Anforderungen der Anwender ohne eigenen Entwicklungsaufwand und trägt kombiniert mit dem Einsatz der 3D-Druck-Technologien zu einem ressourcenschonendem Prototyping bei.

In der *Evaluation* erfolgte ein Vergleich des Funktionsmodells mit einem handelsüblichen Tablet-PC, der laut Anwendern der Handhabung von verfügbaren Industrie-Tablet-PCs gleicht. In einem realtypischen Anwendungsszenario – der Durchführung einer Instandhaltungsaufgabe an einem Anlagendemonstrator – testeten die Instandhalter die beiden mobilen Endgeräte im Rahmen eines Usability-Tests. Die Ergebnisse der Fragebögen zeigen einen deutlichen Unterschied in den Bewertungen der beiden Systeme. Da sich die beiden Endgeräte nur in der Gestaltung der tangiblen Mensch-Maschine-Schnittstelle unterscheiden, ist die deutlich bessere Bewertung des Funktionsmodells auf die Gestaltung dieser zurückzuführen. Das Funktionsmodell wird dabei Fragebogenunabhängig als signifikant besser und hochgebrauchstaugliches Assistenzsystem bewertet.

Die Auswertung der qualitativen Daten zeigt, dass den Anwendern die pragmatische Qualität wichtiger ist als die hedonische Qualität. Diese Wahrnehmung lässt sich mit der Domäne Produktion begründen. Im privaten Bereich besitzt die hedonische Qualität auf Grund einer zu treffenden

Kaufentscheidung, z.B. bei Smartphones, aufgrund finanzieller Aspekte einen höheren Einfluss. Im Arbeitsumfeld liegt der Fokus auf der pragmatischen Qualität, da der Arbeitgeber das Assistenzsystem kostenneutral bereitstellt und der Nutzer eine gebrauchstaugliche Handhabung im Rahmen der ausgeführten Arbeitstätigkeit erwartet. Vor diesem Hintergrund wurden die Fragen des Fragebogens meCUE in Umfang und Inhalt bemängelt (Tabelle 29).

**Tabelle 29:** **Beurteilung der Evaluation in der Umsetzung durch die Instandhalter**
*Quelle:* *eigene Darstellung*

| Proband | Gegenstand | Ankerzitat |
|---|---|---|
| Instandhalter 2 | meCUE | „Hier weiß ich gar nicht was ich ankreuzen soll- das passt irgendwie nicht" |
| Instandhalter 4 | meCUE | „Der Fragebogen [meCUE] hat ganz schön komische Fragen." |
| Instandhalter 6 | meCUE | „Die Fragen passen überhaupt nicht." |
| Instandhalter 8 | meCUE | „Der Fragebogen [meCUE] ist ganz schön lang." |
| Instandhalter 11 | meCUE | „Muss ich die Fragen alle beantworten?" |
| Instandhalter 13 | meCUE | „Irgendwie machen die Fragen wenig Sinn für mich" |
| Instandhalter 14 | meCUE | „Der andere Fragebogen [attrakDiff] war kürzer und hat das gleiche gefragt" |
| Instandhalter 17 | meCUE | „Nochmal hätte ich den [Fragebogen] nicht ausgefüllt." |
| Instandhalter 19 | meCUE | „Ganz schön viele Fragen beim dritten Fragebogen." |
| Instandhalter 20 | meCUE | „Die anderen beiden [Fragebögen] waren irgendwie verständlicher." |

Daher empfiehlt sich für die erneute Anwendung der Engineering-Methode eine Reduzierung der eingesetzten Fragebögen um den Fragebogen meCUE oder die reduzierte Anwendung des ersten Moduls zur Produktwahrnehmung. Vor dem Hintergrund der systematischen Vorgehensweise innerhalb der gesamten Engineering-Methode zeigt sich ein geringer werdender Analysebedarf mit zunehmenden Ablaufphasen und ein wachsender Einfluss der entstehenden Prototypen, was die Verschiebung des Fokus von der Engineering-Methode zum physischen Artefakt im zeitlichen Verlauf der Ablaufphasen unterstreicht.

In einer abschließenden Fokusgruppe mit beteiligten Planern und Entwicklern (n=4) am Gestaltungsprozess des mobilen Assistenzsystems wurde die Engineering-Methode abschließend reflektiert. Die vorgegebenen Verfahren und Werkzeuge stellen demnach einen hohen Mehrwert für die Durchführung eines solchen Gestaltungsprozesses dar. Im operativen Tagesgeschäft verfügen die Planer und Entwickler von Assistenzsystemen aufgrund des hohen Zeit- und Kostendruckes über geringe Ressourcen zur Ausgestaltung einer angepassten, nutzerzentrierten Vorgehensweise. Die Engineering-Methode mit dem Charakter eines Leitfadens von der Analyse der Anforderungen, über die Gestaltung der identifizierten Funktionen bis zur Erstellung und Bewertung verschiedener Prototypenmodelle liefert hierfür eine effiziente und effektive, aber vor allem praxistaugliche Lösung. Ein weiterer Vorteil wird in der Einbindung der Nutzer gesehen, die aufgrund von fehlendem Wissen zu den verschiedenen Verfahren und Werkzeugen in vielen Fällen ausbleibt. Hier gibt die Engineering-Methode neben Verfahren für den Organisationsrahmen (hier: Fokusgruppen) auch Werkzeuge für die inhaltliche Ausgestaltung im jeweiligen Anwendungskontext vor und unterstützt Planer und Entwickler bei der Durchführung und Auswertung der aufgenommenen Daten. Tabelle 30 zeigt die wesentlichen Ankerzitate beteiligten Planer und Entwickler in der abschließenden Fokusgruppe.

**Tabelle 30:** **Beurteilung der Engineering-Methode durch Planer und Entwickler**
*Quelle:* *eigene Darstellung*

| Proband | Gegenstand | Ankerzitat |
|---|---|---|
| Systementwickler 1 | Engineering-Methode | „So ein Leitfaden ist für uns sehr wertvoll – ein einfacher und schneller Weg, die Ideen der Kollegen die es dann nutzen mit einzubringen." |
| Systementwickler 2 | Engineering-Methode | „Wir wissen manchmal gar nicht wie man das richtig anstellt. So eine Vorgehensweise mit den ganzen Methoden hilft uns da." |
| Systementwickler 2 | Engineering-Methode | „Mit den ganzen Auswertungen kann man auch mal zeigen, warum man sich für eine Variante entschieden hat." |
| Systementwickler 3 | Engineering-Methode | „Ich frage die Kollegen auch jetzt schon was sie für Vorstellungen haben, aber mit der Anleitung kann man das natürlich einfacher umsetzen." |
| Systementwickler 4 | Engineering-Methode | „Da kann man die eigentlichen Nutzer systematisch mit einbeziehen. Die freuen sich, wenn sie da mitentwickeln dürfen." |
| Systementwickler 4 | Engineering-Methode | „So eine Vorgehensweise sollte Standard sein, wenn wir irgendwas für die Kollegen in der Montage entwickeln. Dann wird es auch genutzt." |

## 5.5 Zusammenfassung und Implikationen der Evaluation

Die Evaluation des erstellten Artefaktes erfolgte iterativ in vier Fallstudien, um die Eignung der abhängig von der Ablaufphase identifizierten Verfahren und Werkzeuge für Analyse, Gestaltung, Prototyping und Evaluation zu erproben. Im Rahmen der aufeinander aufbauenden Fallstudien wurde die tangible Mensch-Maschine-Schnittstelle von einem mobilen Assistenzsystem für Instandhalter entwickelt. Dabei wurde jede Ablaufphase zusammen mit Planern, Entwicklern und Anwendern aus der Instandhaltung durchlaufen. Durch die prozessbegleitenden Verfahren und Werkzeuge gelang eine ressourcenschonende und effiziente Durchführung der Engineering-Methode in allen Ablaufphasen. So war es auf eine praxistaugliche Art und Weise möglich, die Anforderungen an die tangible MMS des mobilen Assistenzsystems und den Anwendungskontext mit den Anwender zu erheben, Funktionalitäten zu identifizieren und diese mittels verschiedener

Prototypenarten nutzerzentriert zu evaluieren. Dass aus der Evaluation resultierende Funktionsmodell wurde patentrechtlich geschützt und aktuell wird die serientaugliche Entwicklung mit potenziellen Praxispartnern angestrebt.

Die kontextspezifisch angewendeten Verfahren und Werkzeuge in den verschiedenen Ablaufphasen der Engineering-Methode wurden im Rahmen der einzelnen Fallstudien evaluiert. Dabei zeigt sich,

- dass die Engineering-Methode verschiedene Verfahren und Werkzeuge zur Analyse der Anforderungen und Gestaltung der Funktionen bereitstellt, die sich dazu eignen, die Wünsche und Bedürfnisse der Anwender sowie den Anwendungskontext eines Assistenzsystems umfassend und effizient zu erfassen,

- dass die Gestaltung der Handseite eines Assistenzsystems in Form der eingesetzten Griffe eine zentrale Bedeutung für die Wahrnehmung des Komforts durch die Anwender und dadurch Auswirkungen auf die Gebrauchstauglichkeit des Gesamtsystems besitzt,

- dass die Kombination von explorativen und experimentellem Prototyping in den Anfangsphasen mit dem evolutionären Prototyping in den Endphasen den Lösungsraum zunächst vergrößert und dadurch systematisch Lösungsideen aus anderen Bereichen integriert,

- dass sich die verschiedenen Evaluationsverfahren in den Ablaufphasen erfolgreich in der Praxis einsetzen lassen und wichtige Erkenntnisse von den zukünftigen Anwendern für die jeweils folgenden Gestaltungsaktivitäten liefern.

Die Evaluation des gestalteten Artefaktes zeigt, dass die Engineering-Methode mit den identifizierten Verfahren und Werkzeugen die Anforderungen aus der Anwendungsdomäne erfüllt. Es hat sich gezeigt, dass es mit diesem nutzerzentrierten Vorgehen möglich ist, im Austausch mit den Anwendern eine gebrauchstaugliche tangible Mensch-Maschine-Schnittstelle von Assistenzsystemen zu gestalten und zu testen.

Die exemplarische Gestaltung einer tangiblen Mensch-Maschine-Schnitt-stelle am Beispiel des mobilen Assistenzsystems für Instandhalter zeigt die praxistaugliche Anwendbarkeit der Engineering-Methode für die Ent-wicklung gebrauchstauglicher tMMS.

Wie die Ergebnisse zeigen, eignet sich das gebrauchstauglich gestaltete Funktionsmodell für den Vergleich mit vorhandenen Systemen. Die einge-setzten hardware- und softwaretechnischen Bausätze kombiniert mit güns-tigen Prototyping-Technologien wie 3D-Druck ermöglichen dabei einen ho-hen Grad der Vergleichbarkeit. Dadurch können Planer und Entwickler so-wie Nutzer ihre Anforderungen an die tangible Mensch-Maschine-Schnitt-stelle schnell überprüfen und einen Vergleich bestehender Systeme mit zukünftig möglichen Lösungen durchführen. Zusätzlich besteht die Mög-lichkeit, neue Technologien und Assistenzsysteme im praktischen Umfeld zu testen und zukünftigen Anwendern näher zu bringen.

# 6 Schlussbetrachtung

## 6.1 Zusammenfassung

Die produzierende Industrie befindet sich infolge der zunehmenden Digitalisierung in einem bedeutenden Wandel – zunehmend vernetzt und aufgrund steigender Datenmengen, halten innovative Technologien, z.B. Tablet-PCs, als unterstützende Systeme Einzug in die Produktion. Ursprünglich für den privaten Gebrauch entwickelt, stellen industrielle Umgebungen allerdings neue, produktionsspezifische Anforderungen an die Gestaltung solcher gebrauchstauglichen Mensch-Maschine-Schnittstellen.

Die Mensch-Maschine-Schnittstelle umfasst zum einen die grafische Benutzerschnittstelle (GUI) und zum anderen die tangible Mensch-Maschine-Schnittstelle (tMMS) zur physischen Interaktion zwischen Anwender und Assistenzsystem. Während die Gestaltung gebrauchstauglicher Softwareoberflächen hinreichend erforscht ist, fehlen praxistaugliche Vorgehensmodelle für die Gestaltung tangibler Mensch-Maschine-Schnittstellen, die den Anforderungen der Planer und Entwickler von Assistenzsystemen für die Produktion entsprechen.

Bestehende Konzepte aus der wissenschaftlichen Literatur bieten zwar Lösungsansätze für die Teilbereiche der nutzerzentrierten Gestaltung von gebrauchstauglichen tangiblen Mensch-Maschine-Schnittstellen – z.B. allgemeine methodische Vorgehensweisen für die Produktentwicklung und Evaluationsverfahren zur Bewertung der Gebrauchstauglichkeit von Systemen – praxistaugliche Ansätze unter Berücksichtigung der Anwenderanforderungen fehlen jedoch. Diese sind allerdings dringend erforderlich, um die Akzeptanz neu entwickelter Assistenzsysteme durch die Anwender infolge einer gebrauchstauglich gestalteten tMMS sicherzustellen.

Die vorliegende Arbeit zielt darauf ab, die Anforderungen an eine nutzerzentrierte Vorgehensweise von Planern und Entwicklern aus der betrieblichen Praxis zu identifizieren, die eine Gestaltung gebrauchstauglicher tangibler Mensch-Maschine-Schnittstellen in der Produktion ermöglichen. Darauf aufbauend soll die erstellte Engineering-Methode für Planer und Ent-

© Springer Fachmedien Wiesbaden GmbH, ein Teil von Springer Nature 2019
M. Wächter, *Gestaltung tangibler Mensch-Maschine-Schnittstellen*,
Gestaltung hybrider Mensch-Maschine-Systeme/Designing Hybrid Societies,
https://doi.org/10.1007/978-3-658-27666-9_6

wickler von Assistenzsystemen für die Produktion zeigen, welche Verfahren und Werkzeuge sich für die Gestaltung von tMMS einsetzen lassen, um eine hohe Gebrauchstauglichkeit sicherzustellen. Die Anwendung der Engineering-Methode in der Instandhaltung soll zum einen deren praxistaugliche Anwendbarkeit zeigen und zum anderen Implikationen hinsichtlich Weiterentwicklung, Einführung und Nutzung der Engineering-Methode zulassen.

Vor diesem Hintergrund resultieren aus der vorliegenden Arbeit verschiedene Beiträge für Wissenschaft und Praxis, die zusammen mit den Limitationen in den folgenden Abschnitten näher erläutert werden.

### 6.1.1 Beiträge für die Wissenschaft

Die Beiträge der vorliegenden Arbeit zur Wissenschaft resultieren aus der Beantwortung der forschungsleitenden Fragestellungen. Vor diesem Hintergrund werden zunächst die identifizierten Anforderungen an eine nutzerzentrierte Engineering-Methode von Planern und Entwicklern aus der betrieblichen Praxis dargestellt. Darauf aufbauend werden die Ergebnisse zur Erstellung der Engineering-Methode, bestehend aus Grundstruktur sowie Verfahren und Werkzeuge, zusammenfassend erläutert. Abschließend erfolgt die Beschreibung der Implikationen, die sich aus der praktischen Anwendung der Engineering-Methode bei der Gestaltung einer tangiblen Mensch-Maschine-Schnittstelle eines Assistenzsystems für Instandhalter ergeben.

*Anforderungen der Planer und Entwickler an eine nutzerzentrierte Engineering-Methode*

Für die Ermittlung der Anforderungen an eine Engineering-Methode zur Gestaltung gebrauchstauglicher tangibler MMS erfolgte eine Analyse der Anforderungen von Planern und Entwicklern an nutzerzentrierte Vorgehensmodelle sowie darin eingesetzter Verfahren und Werkzeuge. Zudem wurde der Stand der Wissenschaft zu grundlegenden Regeln und bestehenden Vorgehensmodellen der nutzerzentrierten Gestaltung erarbeitet.

Aus dieser Untersuchung ergeben sich folgende Merkmale, die nutzer-zentrierte Vorgehensmodelle für die betriebliche Praxis aufweisen sollten, um den identifizierten Anforderungen gerecht zu werden:

- *Vorgegebene Verfahren*, um die Abhängigkeit vom Erfahrungs-schatz der Anwender zu minimieren und eine strukturierte sowie planbare Entwicklung unabhängig von vorhandenen Kenntnissen beim Produktgestalter zu gewährleisten.

- *Zeitige Evaluation* für die frühe Einbindung von resultierenden An-forderungen der zukünftigen Anwender in den Entwicklungspro-zess, um kostenintensive Anpassungen der Produkte in den spä-ten Phasen der Entwicklung zu vermeiden.

- *Frühzeitige Prototypen* als Grundlage für eine schnelle Reflektion der aktuellen Gestaltungsergebnisse und die Integration der zu-künftigen Anwender in den Entwicklungsprozess.

Aus der Analyse zum Stand der Wissenschaft ergeben sich folgende, all-gemeine Anforderungen an Verfahren und Werkzeuge von nutzerzentrier-ten Vorgehensmodellen in der betrieblichen Praxis:

- *Standardisierte Verfahren*, um eine vergleichbare Qualität der re-sultierenden Ergebnisse sicherzustellen und eine planbare Pro-duktgestaltung hinsichtlich personeller und zeitlicher Ressourcen zu ermöglichen.

- *Geringe Anwendungszeit*, um den zeitlichen und kostentechni-schen Aspekten einer Produktgestaltung gerecht zu werden und die Durchlaufzeit eines Entwicklungsprojektes zu senken.

- *Einfache Auswertung*, um die Nutzung der erhobenen Daten im Rahmen einer Evaluation sicherzustellen und die Ergebnisse ohne spezifische Kenntnisse auswerten sowie interpretieren zu können.

Zudem resultieren folgende spezifische Anforderungen an die Entwicklung gebrauchstauglicher, tangibler Mensch-Maschine-Schnittstellen aus der durchgeführten Erhebung:

- *Verfahren zur Gestaltung* gebrauchstauglicher tMMS in eine nutzerzentrierte Engineering-Methode zu integrieren, da bisher hauptsächlich Leitfäden zur Gestaltung gebrauchstauglicher Softwareoberflächen existieren, die sich nicht auf tangible Mensch-Maschine-Schnittstellen adaptieren lassen.

- *Berücksichtigung der Anthropometrie*, um den ergonomischen Anforderungen an ein Mensch-Maschine-System gerecht zu werden. Anthropometrische Körpermaße bilden einen methodischen Schwerpunkt der ergonomischen Gestaltung von Arbeitsmitteln.

- *Verfahren und Werkzeuge zur Evaluation* von gebrauchstauglichen tMMS bereitzustellen, um die gestalteten Prototypen in Abhängigkeit des Entwicklungsfortschrittes durch die Anwender hinsichtlich deren Gebrauchstauglichkeit bewerten lassen zu können.

Eine Gegenüberstellung mit dem Stand der Wissenschaft hinsichtlich bestehender nutzerzentrierter Vorgehensmodelle zeigt erhebliche Defizite bei der Erfüllung dieser Anforderungen, vor allem hinsichtlich der eingesetzten Verfahren und Werkzeuge. Die herausgearbeiteten Anforderungen, speziell zur Gestaltung und Evaluation von tangiblen Mensch-Maschine-Schnittstellen, stellen daher eine wesentliche Grundlage für die Anwendbarkeit von nutzerzentrierten Vorgehensmodellen in der betrieblichen Praxis dar und liefern einen Beitrag für die nutzerzentrierte Entwicklung tangibler Mensch-Maschine-Schnittstellen.

*Methoden-Modell zur Gestaltung gebrauchstauglicher tMMS: Grundstruktur Verfahren und Werkzeuge*

Auf Basis der identifizierten Anforderungen an nutzerzentrierte Vorgehensmodelle sowie deren Verfahren und Werkzeuge aus der Praxis, erarbeitet die vorliegende Arbeit ein Methoden-Modell in Form einer Engineering-Methode zur Gestaltung gebrauchstauglicher tangibler Mensch-Maschine-Schnittstellen für Planer und Entwickler von Assistenzsystemen in der Produktion. Diese setzt sich aus einer Grundstruktur, bestehend aus Ablaufphasen sowie Basiselementen der nutzerzentrierten Gestaltung, und dazugehörigen Verfahren und Werkzeugen zusammen.

Die Grundstruktur der Engineering-Methode resultiert aus der Analyse von Vorgehensmodellen des Usability Engineering, UX Engineering sowie der Methodischen Konstruktion und besteht aus den vier Ablaufphasen:

- *Ideation*, zur Erhebung der Anwenderanforderungen an ein Assistenzsystem sowie des Nutzungskontextes und die Identifikation zentraler Funktionen. Zudem entstehen verschiedene Gestaltungsentwürfe zu den einzelnen Funktionen als Grundlage für die folgenden Ablaufphasen.

- *Konzeption*, um zunächst eine ergonomische Gestaltung der Handseite zu erarbeiten und bestehende Lösungen in Literatur und Praxis zu analysieren. Zusammen mit den Ergebnissen der Ideation entstehen verschiedene Griffvarianten, die zukünftige Anwender bewerten und Vorschläge für eine finale Griffvariante liefern.

- *Konkretisierung*, zur Gestaltung einer finalen Griffvariante auf Basis der Erkenntnisse aus der Konzeption. Die identifizierten Funktionen in der Ideation bilden zudem den Ausgangspunkt für die Analyse, Gestaltung und Prototyping verschiedener Funktionsvarianten sowie deren Bewertung durch zukünftige Anwender.

- *Umsetzung*, um ein Funktionsmodell zu gestalten, das alle identifizierten Funktionen prototypisch beinhaltet und im Rahmen eines realtypischen Anwendungsszenarios hinsichtlich dessen Gebrauchstauglichkeit bewertet wird. Die Ergebnisse dieser finalen Untersuchung bilden den Ausgangspunkt für die Übergabe an die Serienentwicklung.

Jede Ablaufphase beinhaltet die Basiselemente einer nutzerzentrierten Vorgehensweise – *Analyse, Gestaltung, Prototyping* und *Evaluation*. Dazu werden den Anwendern der Engineering-Methode kontextspezifische Verfahren und Werkzeuge zur Verfügung gestellt, die den identifizierten Anforderungen aus der Praxis entsprechen. Vor dem Hintergrund der Gestaltung einer tangiblen Mensch-Maschine-Schnittstelle besitzt das methodische Prototyping eine besondere Bedeutung innerhalb der Engineering-Methode. Die Kombination der identifizierten Verfahren und Werkzeuge zum Prototyping und zur Evaluation stellen dabei eine wesentliche Grundlage bei der Entwicklung tangibler Mensch-Maschine-Schnittstellen dar.

Mit der in einem realen Anwendungsszenario evaluierten Engineering-Methode erweitert die vorliegende Arbeit die Wissensbasis der nutzerzentrierten Gestaltung hinsichtlich tangibler Mensch-Maschine-Schnittstellen und liefert somit einen Beitrag zur Schließung der aufgezeigten Forschungslücke.

*Implikationen aus der praktischen Anwendung der Engineering-Methode*

Die entwickelte Engineering-Methode wurde im Rahmen einer Fallstudie erfolgreich umgesetzt und evaluiert. In der Anwendungsdomäne Instandhaltung wurde die tangible Mensch-Maschine-Schnittstelle von einem mobilen Assistenzsystem für Instandhalter iterativ gestaltet und von den Anwendern evaluiert. Während der Durchführung war es dem zuständigen Produktgestalter möglich, alle vorgeschlagenen Verfahren und Werkzeuge in den verschiedenen Ablaufphasen anzuwenden und hinsichtlich deren Praxistauglichkeit zu überprüfen. Die abhängig von der Ablaufphase eingesetzten Verfahren und Werkzeuge der Engineering-Methode zur Analyse, Gestaltung, Prototyping und Evaluation der tangiblen Mensch-Maschine-Schnittstelle erfüllten dabei alle Anforderungen der Anwendungsdomäne. Durch die Erstellung verschiedener Prototypen erhielten die Anwender die Möglichkeit, schon frühzeitig Feedback zum aktuellen Entwicklungsstand zu geben. So entstand zunächst iterativ eine ergonomische Griffform als Ausgangspunkt für die Gestaltung der verbleibenden Funktionen, bevor die Auswahl der finalen Funktionsvarianten stattfand. Das anschließend erstellte Funktionsmodell wurde von Instandhaltern im Rahmen eines Usability-Tests unter Realbedingungen als hochgebrauchstauglich im Vergleich zu einem herkömmlichen Tablet-PC bewertet.

Die Evaluation der Engineering-Methode zeigt:

- dass sich die bereitgestellten Verfahren und Werkzeuge zur Analyse und Gestaltung effizient anwenden lassen und umfassende Ergebnisse zur Anforderungen und Nutzungskontext als Grundlage für die Erstellung von Prototypen liefern,

- dass die Gestaltung der Handseite eines Assistenzsystems, speziell die eingesetzte Griffvariante, einen hohen Einfluss auf den wahrgenommenen Komfort durch die Nutzer aufweist und sich dadurch auf die Bewertung der Gebrauchstauglichkeit des Gesamtsystems auswirkt,

- dass die kombinierte Anwendung von explorativen und experimentellen Prototyping in den ersten beiden Ablaufphasen den Lösungsraum zunächst erweitert und dadurch systematisch Lösungsideen aus anderen Bereichen in das evolutionäre Prototyping der letzten beiden Ablaufphasen integriert,

- dass die vorgeschlagenen Verfahren und Werkzeuge zur Evaluation für die verschiedenen Ablaufphasen praxistauglich sind und wesentliche Erkenntnisse von den zukünftigen Nutzern der tangiblen MMS für die jeweilig folgende Ablaufphase liefern.

Die Evaluation des erstellten Artefaktes zeigt, dass die Engineering-Methode mit den identifizierten Verfahren und Werkzeugen die Anforderungen der Planer und Entwickler erfüllt. Es hat sich gezeigt, dass es mit der Engineering-Methode möglich ist, eine gebrauchstaugliche tangible Mensch-Maschine-Schnittstelle von Assistenzsystemen im Austausch mit dessen potenziellen Anwendern zu gestalten und zu evaluieren.

Im Rahmen der Anwendung der Engineering-Methode lassen sich die Grundregeln der nutzerzentrierten Gestaltung nach Gould und Lewis (1985) und Rogers et al. (2015) um weitere fünf Aspekte für die Gestaltung gebrauchstauglicher tangibler MMS in der Praxis ergänzen:

1. Iterative Durchführung von Analyse, Gestaltung, Prototyping und Evaluation der tMMS

2. Einsatz ressourcenschonender Verfahren und Werkzeuge

3. Erstellung verschiedener 3D-Prototypen in jeder Ablaufphase

4. Frühzeitige Evaluation mit zukünftigen Nutzern

5. Durchführung finaler Nutzertests in einem realen Anwendungsszenario

Die Implikationen der praktischen Anwendung der Engineering-Methode bestätigen die Auswahl der Verfahren und Werkzeuge hinsichtlich der identifizierten Anforderungen aus der Praxis und liefern einen weiteren Beitrag zur nutzerzentrierten Entwicklung im Bereich praxistauglicher, ressourcenschonender Verfahren und Werkzeuge für Analyse, Gestaltung, Prototyping und Evaluation.

### 6.1.2 Beiträge für die Praxis

Die Beiträge der vorliegenden Arbeit für die Praxis resultieren aus der Anwendung der Engineering-Methode als praxistaugliche Vorgehensweise und der daraus hervorgehenden, gebrauchstauglichen tangiblen Mensch-Maschine-Schnittstelle für ein mobiles Assistenzsystem in der Instandhaltung. Im Folgenden werden diese Beiträge näher erläutert.

*Engineering-Methode für Planer und Entwickler von Assistenzsystemen in der Produktion*

Zusammenfassend stellen die Ergebnisse der vorliegenden Arbeit eine erste tragfähige Basis für die Gestaltung gebrauchstauglicher tangibler Mensch-Maschine-Schnittstellen in der Anwendungsdomäne Produktion dar. Mit der Engineering-Methode wird Planern und Entwicklern von Assistenzsystemen für die Produktion eine nutzerzentrierte Vorgehensweise an die Hand gegeben, die systematisch und effizient die Anforderungen der Anwender in den Gestaltungsprozess integriert, um entwicklungsbegleitend Rückmeldung über die Bewertung der Prototypen zu erhalten. Die vorgeschlagenen Verfahren und Werkzeuge liefern dabei den Rahmen für die Identifikation relevanter Funktionen und die Gestaltung phasenabhängiger Prototypen für die Evaluation mit den Anwendern. Der Einsatz ressourcenschonender 3D-Druck-Technologien erlaubt die Herstellung und Evaluation verschiedener Prototypen, von der Überprüfung einer geeigneten Griffform über die Auswahl verschiedener Funktionsvarianten bis hin zur Bewertung von Funktionsmodellen in einem realen Anwendungsszenario.

Die praktische Anwendung der Engineering-Methode zeigt, dass die Grundstruktur sowie die ausgewählten Verfahren und Werkzeuge den Anforderungen an nutzerzentrierte Vorgehensmodelle aus der Praxis gerecht werden. Mit den iterativ durchzuführenden Basiselementen Analyse, Gestaltung, Prototyping und Evaluation können Planer und Entwickler flexibel auf veränderte Anforderungen der Anwender reagieren und deren Rückmeldungen infolge der Prototypenevaluation frühzeitig in die weitere Entwicklung integrieren. Die kontextspezifische Vorgabe und Kombination der Verfahren und Werkzeuge in den einzelnen Schritten ermöglicht zudem eine effiziente Durchführung mit geringem Ressourcenaufwand. Der Einsatz der 3D-Druck-Verfahren im Zuge des Prototyping stellt zudem eine praxistaugliche und kostengünstige Möglichkeit für die effiziente Erstellung und Optimierung von 3D-Prototypen dar.

*Gebrauchstaugliche tangible MMS eines mobilen Assistenzsystems für Instandhalter*

Aus der Evaluation der Engineering-Methode in der Instandhaltung resultieren detaillierte Informationen zu den Anforderungen der Instandhalter an die tangible Mensch-Maschine-Schnittstelle des mobilen Assistenzsystems und dessen Nutzungskontext. Zusammen mit den abgeleiteten Funktionen der tMMS lassen sich die gewonnenen Erkenntnisse als Basis für die Gestaltung ähnlicher mobiler Assistenzsysteme verwenden.

Das resultierende Funktionsmodell für das mobile Assistenzsystem wurde von den Instandhaltern als hochgebrauchstauglich bewertet und zeigt die praxistaugliche Anwendbarkeit der Engineering-Methode zur Gestaltung gebrauchstauglicher tangibler Mensch-Maschine-Schnittstellen. Die gebrauchstauglich gestaltete tangible Mensch-Maschine-Schnittstelle bildet die Grundlage für die serientaugliche Umsetzung des mobilen Assistenzsystems und die Akzeptanz der Anwender bei dessen Einführung.

### 6.1.3 Limitationen

Im Rahmen der vorliegenden Arbeit entstandene Beiträge unterliegen verschiedenen Limitationen. So erfolgte die Evaluation der Engineering-Methode an nur einem Anwendungsfall, der Gestaltung der tangiblen

Mensch-Maschine-Schnittstelle eines Assistenzsystems für Instandhalter. Die individuellen Anforderungen jedes Assistenzsystems und die vielfältigen Entscheidungen im Rahmen der Gestaltung einer tangiblen Mensch-Maschine-Schnittstelle schränken die Aussagekraft der Evaluationsergebnisse ein. Die Erprobung der Engineering-Methode an weiteren Beispielen stellt daher eine sinnvolle Ergänzung dar.

Zusätzlich kann die Einstellung der Entwicklungs- und Gestaltungsteams hinsichtlich der Bedeutung von Gebrauchstauglichkeit erhebliche Auswirkungen auf die Umsetzung der Ergebnisse aus der Evaluation mit den Nutzern der tangiblen Mensch-Maschine-Schnittstelle besitzen. Dieser Einfluss auf die Entscheidungsfindung in Entwicklerteams wurde bereits in mehreren Studien untersucht (Boivie et al. 2006; Gulliksen et al. 2006; Høegh 2008; Cajander et al. 2008). Die Nichtberücksichtigung relevanter Anforderungen kann die wahrgenommene Gebrauchstauglichkeit der Nutzer negativ beeinflussen (Rogers et al. 2015). Eine veränderte Zusammensetzung des Entwicklerteams könnte daher veränderte Entscheidungen im Zuge der Gestaltung zur Folge haben, die einen Einfluss auf die Gebrauchstauglichkeit der tangiblen Mensch-Maschine-Schnittstelle besitzen.

Ein erfolgreicher Einsatz der Engineering-Methode limitiert sich weiterhin durch die Kenntnisse der Anwender. Die Engineering-Methode richtet sich an Planer und Entwickler von Produktionsassistenzsystemen mit ingenieurtechnischer Vorbildung, die mit der Gestaltung von Produkten vertraut sind und einfache Konstruktionsaufgaben lösen können. Eine Anwendung der Engineering-Methode mit abweichendem Profil kann sich daher auf die zu erwartenden Ergebnisse auswirken.

## 6.2  Ausblick

Im Zuge der fortschreitenden Digitalisierung der Industrie entstehen zukünftig immer neue Mensch-Maschine-Interaktionen, die auch im tangiblen Bereich eine zunehmende Vielfalt an Mensch-Maschine-Schnittstellen mit sich bringen. Vor dem Hintergrund der steigenden Herausforderungen und mannigfaltiger Anwendungsumgebungen werden deren nutzerzentrierte und kontextspezifische Gestaltung zu einem zentralen Erfolgsfaktor für die

Akzeptanz neuer Technologien. Vor diesem Hintergrund zeigen die folgenden Abschnitte den weiteren Forschungsbedarf und die Möglichkeiten für die Praxis auf, die sich aus den Beiträgen dieser Arbeit ergeben.

### 6.2.1 Weiterer Forschungsbedarf

Im Rahmen dieser Arbeit wurde mit der Engineering-Methode eine nutzerzentrierte Vorgehensweise geschaffen, die es Planern und Entwicklern von Assistenzsystemen erlaubt, gebrauchstaugliche tangible Mensch-Maschine-Schnittstellen von Produktionsassistenzsystemen zu gestalten. Grundlage hierfür bilden die Verfahren und Werkzeuge zur iterativen Analyse von Nutzeranforderungen und der Gestaltung von Prototypen sowie deren Evaluation. Vor dem Hintergrund der Evaluation an einem Anwendungsfall besteht daher ein sinnvoller Anknüpfungspunkt in der Fortsetzung der Erprobung der erstellten Engineering-Methode an weiteren Beispielen. Dadurch könnte das Methoden-Modell validiert und weiterentwickelt werden.

Durch die Anwendung mit verschieden zusammengesetzten Entwicklungsteams könnten zudem die Auswirkungen der Priorität von Gebrauchstauglichkeit bei den Anwendern der Engineering-Methode weiter untersucht werden. Dazu bilden die Grundstruktur und die Vorgabe der kontextspezifisch durchzuführenden Verfahren und Werkzeuge passende Rahmenbedingungen.

Ein weiteres Potenzial liegt in der Anwendung der Vorgehensweise in Anwendungsdomänen außerhalb der Produktion. So könnte die Engineering-Methode bspw. bei der Gestaltung von tangiblen Mensch-Maschine-Schnittstellen von Assistenzsystemen für ältere Menschen, im Fahrzeug oder im Sport zum Einsatz kommen. Bei einer Eignung der eingesetzten Verfahren und Werkzeuge auch außerhalb der Domäne Produktion bestände durch den kostengünstigen Einsatz der 3D-Prototyping-Verfahren die Möglichkeit, die Engineering-Methode in der aufstrebenden Gründer- und Maker-Szene zu etablieren und den Stellenwert der Produktergonomie nachhaltig zu stärken.

## 6.2.2  Erweiterte Anwendungsmöglichkeiten in der Praxis

Die vorliegende Arbeit zeigt Planern und Entwicklern einen Weg auf, wie sich die Bedürfnisse sowie Anforderungen der Anwender und die kontextspezifischen Rahmenbedingungen ressourcenschonend während des gesamten Gestaltungsprozesses integrieren lassen. Dadurch wird eine hohe Gebrauchstauglichkeit der tangiblen Mensch-Maschine-Schnittstelle, als Grundvoraussetzung für die spätere Akzeptanz der Anwender, sichergestellt. Die Integration der Engineering-Methode als festen Bestandteil der Entwicklung von Assistenzsystemen in der Produktion birgt daher großes Potenzial für die Praxis.

Um die Engineering-Methode für Planer und Entwickler zugänglich zu machen, erfolgt perspektivisch eine Umsetzung über eine online verfügbare Browserapplikation. Aktuell nur in Papierform verfügbar, erhalten die Anwender der Engineering-Methode direkten Zugriff auf die anzuwendenden Verfahren und Werkzeuge und folglich die Möglichkeit, aufgenommene Daten im Zuge der Analyse und Evaluation noch effizienter zu verwalten und auszuwerten.

Ein weiteres Potenzial liegt in der serienreifen Umsetzung des prototypisch entstandenen Funktionsmodells für die tangible Mensch-Maschine-Schnittstelle des mobilen Assistenzsystems für Instandhalter. Nach der patentrechtlichen Anmeldung des Funktionsmodells finden aktuell Gespräche mit möglichen Umsetzungspartnern statt. Rückmeldungen von verwandten Anwendungsdomänen der Instandhaltung zeigen ein hohes Interesse an der entwickelten Lösung und die Möglichkeit der Übertragung in Bereiche mit ähnlichen Anforderungen an die tangible Mensch-Maschine-Schnittstelle von mobilen Assistenzsystemen, z.B. bei Servicetechnikern im Bereich der Telekommunikation oder Windkraft.

# Literaturverzeichnis

DIN EN ISO 13407, 1999: Benutzer-orientierte Gestaltung interaktiver Systeme.

DIN 33402-2, 2005: Ergonomie - Körpermaße des Menschen.

DIN EN 894-3, 2010: Ergonomische Anforderungen an die Gestaltung von Stellteilen.

DIN EN ISO 9241-210, 2011: Ergonomie der Mensch-System-Interaktion - Teil 210: Prozess zur Gestaltung gebrauchstauglicher interaktiver Systeme.

DIN 31051, 2012: Grundlagen der Instandhaltung.

DIN SPEC 91328, 2016: Ressourcenschonende Anwendung von Methoden und Werkzeugen zur menschenzentrierten Gestaltung gebrauchstauglicher interaktiver IT-Systeme.

DIN EN ISO 9241-11, 2017: Ergonomie der Mensch-System-Interaktion - Teil 11: Gebrauchstauglichkeit: Begriffe und Konzepte.

VDI 2222 - Blatt 1, 1997: Konstruktionsmethodik - Methodisches Entwickeln von Lösungsprinzipien.

VDI 2222, 1997: Methodisches Entwickeln von Lösungsprinzipien.

VDI 3850, 2015: Gebrauchstaugliche Gestaltung von Benutzungsschnittstellen für technische Anlagen.

Abramovici, Michael; Herzog, Ottheim (Hg.) (2016): Engineering im Umfeld von Industrie 4.0. Einschätzungen und Handlungsbedarf. München: Herbert Utz Verlag (Acatech Studie).

Adikari, Sisira; McDonald, Craig; Campbell, John (2009): Little Design Up-Front: A Design Science Approach to Integrating Usability into Agile Requirements Engineering. In: Julie A. Jacko (Hg.): Human-Computer

© Springer Fachmedien Wiesbaden GmbH, ein Teil von Springer Nature 2019
M. Wächter, *Gestaltung tangibler Mensch-Maschine-Schnittstellen*,
Gestaltung hybrider Mensch-Maschine-Systeme/Designing Hybrid Societies,
https://doi.org/10.1007/978-3-658-27666-9

Interaction. New Trends. 13th International Conference. Proceedings, Bd. 5610. HCI International. San Diego, Kalifornien, USA. Berlin, Heidelberg: Springer Berlin Heidelberg (Lecture Notes in Computer Science), S. 549–558.

Bailey, Gregg "Skip" (1993): Iterative methodology and designer training in human-computer interface design. In: Bert Arnold, Gerrit van der Veer und Ted White (Hg.): the SIGCHI conference. Amsterdam, The Netherlands, S. 198–205.

Bangor, Aaron; Kortum, Philip T.; Miller, James (2009): Determining What Individual SUS Scores Mean: Adding an Adjective Rating Scale. In: *Journal of Usability Studies* 4 (3), S. 114–123.

Baskerville, Richard; Pries-Heje, Jan; Venable, John (2009): Soft design science methodology. In: Vijay Vaishnavi und Sandeep Purao (Hg.): DESRIST '09. Proceedings of the 4th International Conference on Design Science Research in Information Systems and Technology. Philadelphia, Pennsylvania. New York, NY: ACM, S. Article No. 9.

Bauer, Wilhelm; Schlund, Sebastian; Marrenbach, Dirk (2014): Industrie 4.0 – Volkswirtschaftliches Potenzial für Deutschland. [Studie]. Hg. v. BITKOM und Fraunhofer IAO. Stuttgart, zuletzt geprüft am 18.09.2015.

Becker, Jörg; Krcmar, Helmut; Niehaves, Bjorn (2009): Wissenschaftstheorie und gestaltungsorientierte Wirtschaftsinformatik. Heidelberg: Physica-Verlag.

Bertsche, B.; Bullinger, Hans-Jörg; Graf, Heiko; Rogowski, Thorsten; Warschat, J. (2007): Entwicklung und Erprobung innovativer Produkte - Rapid Prototyping. Grundlagen, Rahmenbedingungen und Realisierung. 1. Aufl. Berlin: Springer (VDI-Buch).

Bischoff, Christian; Schulte-Mattler, Wilhelm J.; Conrad, Bastian (2009): Das EMG-Buch. EMG und periphere Neurologie in Frage und Antwort. 2. Aufl. Stuttgart: Thieme (Thieme e-book library).

Blandford, Ann E.; Hyde, Joanne K.; Green, Thomas R. G.; Connell, Iain (2008): Scoping Analytical Usability Evaluation Methods: A Case Study. In: *Human–Computer Interaction* 23 (3), S. 278–327. DOI: 10.1080/07370020802278254.

Boivie, Inger; Åborg, Carl; Persson, Jenny; Löfberg, Mats (2003): Why usability gets lost or usability in in-house software development. In: *Interacting with Computers* 15 (4), S. 623–639. DOI: 10.1016/S0953-5438(03)00055-9.

Boivie, Inger; Gulliksen, Jan; Göransson, Bengt (2006): The lonesome cowboy: A study of the usability designer role in systems development. In: *Interacting with Computers* 18 (4), S. 601–634.

Bortz, Jürgen; Döring, Nicola (2009): Forschungsmethoden und Evaluation. Für Human- und Sozialwissenschaftler ; mit 87 Tabellen. 4., überarb. Aufl., Nachdr. Heidelberg: Springer-Medizin-Verl. (Springer-Lehrbuch Bachelor, Master).

Bortz, Jürgen; Döring, Nicola (2016): Forschungsmethoden und Evaluation. Für Human- und Sozialwissenschaftler. 5., überarb. Aufl. Heidelberg: Springer (Springer-Lehrbuch).

Botthof, Alfons; Hartmann, Ernst Andreas (2015): Zukunft der Arbeit in Industrie 4.0. Berlin, Heidelberg: Springer.

Brooke, John (1996): SUS-A quick and dirty usability scale. In: Patrick W. Jordan (Hg.): Usability evaluation in industry. London [u.a.]: Taylor & Francis, S. 4–7.

Brooke, John (2013): SUS: a retrospective. In: *Journal of Usability Studies* 8 (2), S. 29–40.

Bruno, Vince; Dick, Martin (2007): Making usability work in industry. In: Bruce Thomas (Hg.): Conference of the computer-human interaction special interest group (CHISIG) of Australia. Adelaide, Australia, S. 261–270.

Bullinger, Angelika C. (2016): Homo Sapiens Digitalis - Virtuelle Ergonomie und digitale Menschmodelle. 1. Aufl. Hg. v. Jens Mühlstedt.

Bullinger, Hans-Jörg; Fähnrich, Klaus-Peter (1997): Betriebliche Informationssysteme. Grundlagen und Werkzeuge der methodischen Softwareentwicklung. Berlin: Springer.

Bullinger, Hans-Jörg; Jürgens, Hans W.; Groner, Paul; Rohmert, Walter; Schmidtke, Heinz (2013): Handbuch der Ergonomie. Mit ergonomischen Konstruktionsrichtlinien und Methoden. 2. Aufl. Koblenz.

Cajander, Åsa; Boivie, Inger; Gulliksen, Jan (2008): Usability and Users' Health Issues in Systems Development — Attitudes and Perspectives. In: John Karat, Jean Vanderdonckt, Gregory Abowd, Gaëlle Calvary, John Carroll, Gilbert Cockton et al. (Hg.): Maturing Usability. London: Springer London (Human-computer interaction series), S. 243–266.

Chammas, Adriana; Quaresma, Manuela; Mont'Alvão, Cláudia Renata (2014): An Analysis of Design Methodologies of Interactive System for Mobiles. In: David Hutchison, Takeo Kanade, Josef Kittler, Jon M. Kleinberg, Alfred Kobsa, Friedemann Mattern et al. (Hg.): Design, User Experience, and Usability. User Experience Design for Diverse Interaction Platforms and Environments, Bd. 8518. Cham: Springer International Publishing (Lecture Notes in Computer Science), S. 213–222.

Chilana, Parmit K.; Ko, Andrew J.; Wobbrock, Jacob O.; Grossman, Tovi; Fitzmaurice, George (2011): Post-deployment usability. In: Desney Tan, Geraldine Fitzpatrick, Carl Gutwin, Bo Begole und Wendy A. Kellogg (Hg.): the 2011 annual conference. Vancouver, BC, Canada, S. 2243.

Cleven, Anne; Gubler, Philipp; Hüner, Kai M. (2009): Design alternatives for the evaluation of design science research artifacts. In: Vijay Vaishnavi und Sandeep Purao (Hg.): DESRIST '09. Proceedings of the 4th International Conference on Design Science Research in Information Systems and Technology. Philadelphia, Pennsylvania. New York, NY: ACM, S. No. 19.

Cooper, Alan; Reimann, Robert; Cronin, Dave (2014): About face. The essentials of interaction design. Fourth edition. Hoboken, New Jersey: John Wiley & Sons.

Creswell, John W. (2009): Research Design. Qualitative, quantitative, and mixed methods approaches. 3rd ed. Los Angeles: Sage.

de Looze, Michiel P.; Kuijt-Evers, Lottie F. M.; van Dieën, Jaap (2003): Sitting comfort and discomfort and the relationships with objective measures. In: Ergonomics 46 (10), S. 985–997. DOI: 10.1080/0014013031000121977.

Delagi, Edward F.; Perotto, Aldo (2011): Anatomical guide for the electromyographer. The limbs and trunk. 5. ed. Springfield, Ill.: Thomas.

Deutsche Akkreditierungsstelle (2010): Leitfaden Usability. Gestaltungsrahmen für den Usability-Engineering-Prozess. Deutsche Akkreditierungsstelle (71 SD 2 007 A1).

Diaper, Dan; Stanton, Neville A. (2004): The handbook of task analysis for human-computer interaction. Mahwah, N.J., London: Lawrence Erlbaum (.

Dicks, R. Stanley (2002): Mis-usability. In: Kathy Haramundanis und Michael Priestley (Hg.): the 20th annual international conference. Toronto, Ontario, Canada, S. 26–30.

Draper, Stephen W.; Norman, Donald A. (2009): User centered system design. New perspectives on human-computer interaction. Boca Raton, FL., London: CRC Press.

Dumas, Joseph S.; Redish, Janice (1999): A practical guide to usability testing. Rev. ed. Exeter, England, Portland, Or.: Intellect Books.

Ehrenspiegel, Klaus; Kiewert, Alfons; Lindemann, Udo (2014): Kostengünstig entwickeln und konstruieren. Kostenmanagement bei der integrierten Produktentwicklungen. 7. Aufl. Berlin [u.a.]: Springer (VDI).

Eshet, Eyal; Bouwman, Harry (2017): Context of Use: The Final Frontier in the Practice of User-Centered Design? In: *Interacting with Computers*.

Finstad, Kraig (2010): The Usability Metric for User Experience. In: *Interacting with Computers* 22 (5), S. 323–327. DOI: 10.1016/j.intcom.2010.04.004.

Floyd, Christiane (1984): A Systematic Look at Prototyping. In: Reinhard Budde, Karin Kuhlenkamp, Lars Mathiassen und Heinz Züllighoven (Hg.): Approaches to Prototyping. Berlin, Heidelberg: Springer Berlin Heidelberg, S. 1–18.

Freiwald, Jürgen; Baumgart, Christian; Konrad, Peter (2007): Einführung in die Elektromyographie. Sport - Prävention - Rehabilitation. Balingen: Spitta (Spitta Fachbuchreihe Medizin).

Garneau, Christopher J.; Parkinson, Matthew B. (2012): Optimization of product dimensions for discrete sizing applied to a tool handle. In: *International Journal of Industrial Ergonomics* 42 (1), S. 56–64.

Gediga, Günther; Hamborg, Kai-Christoph (1999): IsoMetrics: Ein Verfahren zur Evaluation von Software nach ISO 9241/10. In: *Evaluationsforschung. Göttingen: Hogrefe*, S. 195–234.

Gediga, Günther; Hamborg, Kai-Christoph; Düntsch, Ivo (2002): Evaluation of software systems. In: *Encyclopedia of computer science and technology* 45 (30), S. 53–127.

Ghasemifard, Najmeh; Shamsi, Mahboubeh; Kenar, Abol Reza Rasouli; Ahmadi, Vahid (2015): A New View at Usability Test Methods of Interfaces for Human Computer Interaction. In: *Global Journal of Computer Science and Technology* (1).

Gibson, Ian; Rosen, David; Stucker, B. (2015): Additive manufacturing technologies. 3D printing, rapid prototyping, and direct digital manufacturing. Second edition.

Glaser, Barney G.; Strauss, Anselm L. (1967): The discovery of grounded theory. Strategies for qualitative research. Chicago: Aldine Pub. Co. (Observations).

Glende, Sebastian (2010): Entwicklung eines Konzepts zur nutzergerechten Produktentwicklung - mit Fokus auf die "Generation Plus. Dissertation. Berlin.

Goll, Joachim (2011): Methoden und Architekturen der Softwaretechnik. Wiesbaden: Vieweg+Teubner Verlag.

Gorecky, Dominic; Schmitt, Mathias; Loskyll, Matthias (2017): Mensch-Maschine-Interaktion im Industrie 4.0-Zeitalter. In: Birgit Vogel-Heuser, Thomas Bauernhansl und Michael ten Hompel (Hg.): Handbuch Industrie 4.0 Allgemeine Grundlagen. Allgemeine Grundlagen: Springer Berlin (4), S. 219–236.

Gould, John D.; Lewis, Clayton (1985): Designing for usability: key principles and what designers think. In: *Communications of the ACM* 28 (3), S. 300–311.

Gregor, Shirley; Hevner, Alan R. (2013): Positioning and Presenting Design Science Research for Maximum Impact. In: *MIS Quarterly* 37 (2), S. 337–356.

Griffiths, Stephen (2015): Mobile App UX Principles. Hg. v. Google. Online verfügbar unter https://storage.googleapis.com/think-v2-emea/docs/article/Mobile_App_UX_Principles.pdf, zuletzt geprüft am 23.06.2017.

Gulliksen, Jan; Boivie, Inger; Göransson, Bengt (2006): Usability professionals—current practices and future development. In: *Interacting with Computers* 18 (4), S. 568–600.

Hagedorn, Thomas J.; Krishnamurty, Sundar; Grosse, Ian R. (2016): An information model to support user-centered design of medical devices. In: *Journal of biomedical informatics* 62, S. 181–194.

Hall, Roger R. (2001): Prototyping for usability of new technology. In: *International Journal of Human-Computer Studies* 55 (4), S. 485–501.

Harih, Gregor (2014): Decision Support System for Generating Ergonomic Tool-Handles. In: *International Journal of Simulation Modelling* 13 (1), S. 5–15.

Harih, Gregor; Dolšak, Bojan (2013): Tool-handle design based on a digital human hand model. In: *International Journal of Industrial Ergonomics* 43 (4), S. 288–295.

Harih, Gregor; Dolšak, Bojan (2014): Comparison of subjective comfort ratings between anatomically shaped and cylindrical handles. In: *Applied ergonomics* 45 (4), S. 943–954.

Hartson, Rex; Pyla, Pardha S. (2016): The UX book. Process and guidelines for ensuring a quality user experience. [1e druk, 4e oplage]. Amsterdam: Morgan Kaufmann.

Hassenzahl, Marc (2000): The Effect of Perceived Hedonic Quality on Product Appealingness. In: *International Journal of Human-Computer Interaction* 13 (4), S. 481–499. DOI: 10.1207/S15327590IJHC1304_07.

Hassenzahl, Marc; Burmester, Michael; Koller, Franz (2003): AttrakDiff: Ein Fragebogen zur Messung wahrgenommener hedonischer und pragmatischer Qualität. In: Gerd Szwillus und Jürgen Ziegler (Hg.): Mensch & Computer 2003, Bd. 57. 57 Bände. Wiesbaden: Vieweg+Teubner Verlag (Berichte des German Chapter of the ACM), S. 187–196.

Hassenzahl, Marc; Koller, Franz; Burmester, Michael (2008): Der User Experience (UX) auf der Spur: Zum Einsatz von www. attrakdiff. de. In: Henning Brau, Sarah Diefenbach, Marc Hassenzahl, Franz Koller, Matthias Peissner und Kerstin Röse (Hg.): Tagungsband UP08. Stuttgart: Fraunhofer Verlag, S. 78–82.

Hassenzahl, Marc; Monk, Andrew (2010): The Inference of Perceived Usability From Beauty. In: *Human-Comp. Interaction* 25 (3), S. 235–260.

Hemmerling, S. (2002): Evaluation in frühen Phasen des Entwicklungsprozesses am Beispiel von Gebrauchsgütern. In: Klaus-Peter Timpe und Robert Baggen (Hg.): Mensch-Maschine-Systemtechnik. Konzepte, Modellierung, Gestaltung, Evaluation. 2. Aufl., Stand: Februar 2002. Düsseldorf: Symposion, S. 299–317.

Hevner, Alan R.; Chatterjee, Samir (2010): Design Research in Information Systems. Boston, MA: Springer US (22).

Hevner, Alan R.; March, Salvatore T.; Park, Jinsoo; Ram, Sudha (2004): Design Science in Information Systems Research. In: *MIS Quarterly* 28 (1), S. 75–105.

Higgins, James M.; Wiese, Gerold G. (1996): Innovationsmanagement. Kreativitätstechniken für unternehmerischen Erfolg. Berlin, Heidelberg,

New York, Barcelona, Budapest, Hongkong, London, Mailand, Paris, Santa Clara, Singapur, Tokio: Springer.

Hix, Deborah; Hartson, Rex (1993): Developing user interfaces. Ensuring usability through product & process. Norwood Mass.: Books24x7.com.

Høegh, R. Th. (2008): Case study: integrating usability activities in a software development process. In: *Behaviour & Information Technology* 27 (4), S. 301–306. DOI: 10.1080/01449290701766325.

Hoffmann, Holger (2010): Prototyping automotive software und services. Vorgehen und Werkzeug zur nutzerorientierten Entwicklung. 1. Aufl. Göttingen: Cuvillier (Audi-Dissertationsreihe, Bd. 27).

Holtzblatt, Karen; Beyer, Hugh (2016): Contextual design. Design for life. Second edition. Cambridge, MA: Elsevier (Interactive technologies).

Hoolhorst, Frederik; van der Voort, M. C. (2009): A Concept for a Usability Focused Design Method. In: Kangwook Lee, J. Kim und L. L. Chem (Hg.): IASDR 2009 Proceedings - International association of societies of design research 2009. Design Rigor & Relevance. Seoul: Korea Design Center, S. 285–294.

Hornbæk, Kasper; Høegh, Rune Thaarup; Pedersen, Michael Bach; Stage, Jan (2007): Use Case Evaluation (UCE): A Method for Early Usability Evaluation in Software Development. In: C?cilia Baranauskas, Philippe Palanque, Julio Abascal und Simone Diniz Junqueira Barbosa (Hg.): Human-Computer Interaction ? INTERACT 2007. Berlin, Heidelberg: Springer Berlin Heidelberg (4662), S. 578–591.

IBM Corp. (2014): IBM SPSS Statistics für Windows. Version 23.0. Armonk, NY.

Jaidka, Kokil; Khoo, Christopher S.G.; Na, Jin-Cheon (2013): Literature Review writing: how information is selected and transformed. In: *AP* 65 (3), S. 303–325.

Ji, Yong Gu; Yun, Myung Hwan (2006): Enhancing the Minority Discipline in the IT Industry: A Survey of Usability and User-Centered Design Practice. In: *International Journal of Human-Computer Interaction* 20 (2), S. 117–134. DOI: 10.1207/s15327590ijhc2002_3.

Jung, Heekyoung; Altieri, Youngsuk L.; Bardzell, Jeffrey (2010): SKIN: designing aesthetic interactive surfaces. In: Hiroshi Ishii, Robert J.K Jacob, Pattie Maes, Marcelo Coelho, Jamie Zigelbaum, Thomas Pederson et al. (Hg.): TEI '10. Proceedings of the fourth international conference on Tangible, embedded, and embodied interaction. Cambridge, Massachusetts, USA. New York, NY: ACM, S. 85–92.

Karwowski, Waldemar; Stanton, Neville A.; Soares, Marcelo M. (Hg.) (2011): Human factors and ergonomics in consumer product design. Methods and techniques. Boca Raton: Taylor & Francis (Ergonomics design and management).

Kirakowski, Jurek; Corbett, Mary (1993): SUMI: the Software Usability Measurement Inventory. In: *Br J Educ Technol* 24 (3), S. 210–212. DOI: 10.1111/j.1467-8535.1993.tb00076.x.

Konrad, Klaus (2010): Lautes Denken. In: Günter Mey und Katja Mruck (Hg.): Handbuch Qualitative Forschung in der Psychologie. Wiesbaden: VS Verlag für Sozialwissenschaften, S. 476–490.

Kortum, Philip T.; Bangor, Aaron (2013): Usability Ratings for Everyday Products Measured With the System Usability Scale. In: *International Journal of Human-Computer Interaction* 29 (2), S. 67–76.

Kortum, Philip T.; Peres, S. Camille (2014): The Relationship Between System Effectiveness and Subjective Usability Scores Using the System Usability Scale. In: *International Journal of Human-Computer Interaction* 30 (7), S. 575–584.

Kromrey, Helmut (2001): Evaluation-ein vielschichtiges Konzept: Begriff und Methodik von Evaluierung und Evaluationsforschung; Empfehlungen für die Praxis. In: *Sozialwissenschaften und Berufspraxis* 24 (2), S. 105–131.

Kuijt-Evers, Lottie F. M.; Groenesteijn, Liesbeth; de Looze, Michiel P.; Vink, P. (2004): Identifying factors of comfort in using hand tools. In: *Applied ergonomics* 35 (5), S. 453–458.

Kuijt-Evers, Lottie F. M.; Vink, P.; de Looze, Michiel P. (2007): Comfort predictors for different kinds of hand tools: Differences and similarities. In: *International Journal of Industrial Ergonomics* 37 (1), S. 73–84.

Kumar, Vijay (2013): 101 design methods. A structured approach for driving innovation in your organization. Hoboken, N.J.: Wiley.

Lewis, Clayton; Mack, Robert (1982): Learning to use a text processing system: Evidence from "thinking aloud" protocols. In: Jean A. Nichols und Michael L. Schneider (Hg.): CHI '82 Proceedings of the 1982 Conference on Human Factors in Computing Systems. Gaithersburg, Maryland, United States. New York, NY, S. 387–392.

Lewis, James R. (2012): Usability Testing. In: Gavriel Salvendy (Hg.): Handbook of human factors and ergonomics. 4th ed. Hoboken: John Wiley & Sons, S. 1267–1312.

Lewis, James R.; Utesch, Brian S.; Maher, Deborah E. (2015): Measuring Perceived Usability: The SUS, UMUX-LITE, and AltUsability. In: *International Journal of Human-Computer Interaction* 31 (8), S. 496–505.

Lindemann, Udo (2007): Methodische Entwicklung technischer Produkte. Methoden flexibel und situationsgerecht anwenden. 2., bearbeitete Aufl. Berlin, Heidelberg: Springer-Verlag Berlin Heidelberg (VDI-Buch).

Lindgaard, Gitte (2006): Notions of thoroughness, efficiency, and validity: Are they valid in HCI practice? In: *International Journal of Industrial Ergonomics* 36 (12), S. 1069–1074. DOI: 10.1016/j.ergon.2006.09.007.

Maciaszek, Leszek A. (2008): Requirements analysis and system design. 3. ed., [Nachdr.]. Harlow [u.a.]: Addison-Wesley.

Maquire, Martin (2001): Methods to support human-centred design. In: *International Journal of Human-Computer Studies* 55 (4), S. 587–634. DOI: 10.1006/ijhc.2001.0503.

March, Salvatore T.; Smith, Gerald F. (1995): Design and natural science research on information technology. In: *Decision Support Systems* 15 (4), S. 251–266.

Marwedel, Peter (2007): Eingebettete Systeme. Berlin, Heidelberg: Springer Berlin Heidelberg.

Mayhew, Deborah J. (1999): The usability engineering lifecycle. A Practitioner's Handbook for User Interface Design. San Francisco, Calif.: Morgan Kaufmann.

Minge, Michael; Riedel, L.; Thüring, Manfred (2013): Modulare Evaluation von Technik. Entwicklung und Validierung des meCUE Fragebogens zur Messung der User Experience. In: Elisabeth Brandenburg, Laura Doria, Alice Gross, Torsten Günzler und Hardy Smieszek (Hg.): Grundlagen und Anwendungen der Mensch-Maschine-Interaktion. 10. Berliner Werkstatt Mensch-Maschine-Systeme, 10.-12. Oktober 2013, Berlin = Foundations and applications of human machine interaction. Berliner Werkstatt Mensch-Maschine-Systeme. Berlin: Universitätsverlag der TU Berlin, S. 28–36.

Minge, Michael; Thüring, Manfred; Wagner, Ingmar; Kuhr, Carina V. (2017): The meCUE Questionnaire: A Modular Tool for Measuring User Experience. In: Marcelo M. Soares, Christianne Falcão und Tareq Z.

Ahram (Hg.): Advances in Ergonomics Modeling, Usability & Special Populations, Bd. 486. Cham: Springer International Publishing (486), S. 115–128.

Moggridge, Bill (2007): Designing interactions. Cambridge [u.a.]: MIT Press.

Nielsen, Jakob (1992): The usability engineering life cycle. In: *Computer* 25 (3), S. 12–22.

Nielsen, Jakob (1993): Usability Engineering. San Francisco, Calif.: Morgan Kaufmann Publishers.

Nielsen, Jakob (1994): Guerrilla HCI: using discount usability engineering to penetrate the intimidation barrier. In: Randolph G. Bias (Hg.): Cost-justifying usability. Boston [u.a.]: Harcourt Brace & Co., S. 245–272.

Norman, Donald A. (2004): Emotional design. Why we love (or hate) everyday things. New York: Basic Books.

Norman, Donald A. (2013): The design of everyday things. Revised and expanded edition: Basic Books.

Nunamaker, J. F.; Chen, M. (1990): Systems Development in Information Systems Research. In: 23rd Hawaii International Conference on System Sciences (HICSS). Proceedings. Kailua-Kona, Hawaii, USA: IEEE, S. 631–640.

Pahl, Gerhard; Beitz, Wolfgang; Feldhusen, Jörg; Grote, Karl-Heinrich (2006): Konstruktionslehre. Grundlagen erfolgreicher Produktentwicklung. Methoden und Anwendung. 7., neu bearb. u. erw. Aufl. Berlin: Springer.

Pahl, Gerhard; Wallace, Ken; Blessing, Luciënne (2007): Engineering design. A systematic approach. 3rd ed. London: Springer.

Peffers, Ken; Tuunanen, Tuure; Gengler, Charles E.; Rossi, Matti; Hui, Wendy; Virtanen, Ville; Bragge, Johanna (2006): The Design Science Research Process: A Model for Producing and Presenting Information Systems Research. In: DESRIST '06. Proceedings of First International Conference on Design Science Research in Information Systems and Technology. Claremont, California, S. 83–107.

Peffers, Ken; Tuunanen, Tuure; Rothenberger, Marcus A.; Chatterjee, Samir (2007): A Design Science Research Methodology for Information Systems Research. In: *Journal of Management Information Systems* 24 (3), S. 45–77.

Pereira, Anna Lourdes; Miller, Tevis; Huang, Yi-Min; Odell, Dan; Rempel, David (2013): Holding a tablet computer with one hand: effect of tablet design features on biomechanics and subjective usability among users with small hands. In: *Ergonomics* 56 (9), S. 1363–1375.

Pering, Celine (2002): Interaction design prototyping of communicator devices: towards meeting the hardware-software challenge. In: *interactions* 9 (6), S. 36–46. DOI: 10.1145/581951.581952.

Preim, Bernhard; Dachselt, Raimund (2015): Interaktive Systeme. 2. Aufl. Berlin [u.a.]: Springer (eXamen.press).

Prümper, Jochen; Anft, Michael (1993): Die Evaluation von Software auf Grundlage des Entwurfs zur internationalen Ergonomie-Norm ISO 9241 Teil 10 als Beitrag zur partizipativen Systemgestaltung — ein Fallbeispiel. In: Karl-Heinz Rödiger (Hg.): Software-Ergonomie '93. Wiesbaden: Vieweg+Teubner Verlag (Berichte des German Chapter of the ACM), S. 145–156.

Rage, F.; Utzer., D. N. (2017): Die transparente Modellierung Modularer Schnittstellen. In: J. Klar, J. S. Acula und J. Aber (Hg.): Als der arbeitswissenschaftliche Fortschritt fort schritt. 3. Aufl. KMS: White Paper. Zynis: Wissen.macht.Arbeit, S. 23–42.

Richter, Michael (2016): Usability und UX kompakt. Produkte für Menschen. 4. Auflage. Berlin, Heidelberg, GERMANY: Springer Vieweg (IT kompakt).

Ridley, Diana (2008): The Literature Review. A step-by-step guide for students. 2nd edition. London, UK: SAGE Publications Ltd. (SAGE study skills).

Rogers, Yvonne; Sharp, Helen; Preece, Jenny (2015): Interaction design. 4th revised edition: Wiley-Blackwell.

Rosenbaum, Stephanie; Rohn, Janice Anne; Humburg, Judee (2000): A toolkit for strategic usability. In: Thea Turner und Gerd Szwillus (Hg.): the SIGCHI conference. The Hague, The Netherlands, S. 337–344.

Rosson, Mary Beth; Carroll, John M. (2009): Usability engineering. Scenario-based development of human computer interaction. [Nachdr.]. San Francisco, Calif. [u.a.]: Morgan Kaufmann (The Morgan Kaufmann series in interactive technologies).

Rowley, David E. (1994): Usability testing in the field. In: Beth Adelson, Susan Dumais und Judith Olson (Hg.): the SIGCHI conference. Boston, Massachusetts, United States, S. 252–257.

Rowley, Jennifer; Slack, Frances (2004): Conducting a Literature Review. In: *Management Research News* 27 (6), S. 31–39.

Rubin, Jeffrey; Chisnell, Dana (2008): Handbook of usability testing. How to plan, design, and conduct effective tests. 2nd ed. Indianapolis, IN: Wiley Pub.

Sáenz, Luz Mercedes (2011): Integration of Ergonomics in the Design Process: Conceptual, Methodological, and Practical Foundations. In: Waldemar Karwowski, Neville A. Stanton und Marcelo M. Soares (Hg.): Human factors and ergonomics in consumer product design. Methods and techniques. Boca Raton: Taylor & Francis (Ergonomics design and management), S. 155–175.

Salvendy, Gavriel (Hg.) (2012): Handbook of human factors and ergonomics. 4th ed. Hoboken: John Wiley & Sons.

Sancho-Bru, Joaquín L.; Giurintano, D.J; Pérez-González, A.; Vergara, M. (2003): Optimum Tool Handle Diameter for a Cylinder Grip. In: *Journal of Hand Therapy* 16 (4), S. 337–342.

Sarodnick, Florian; Brau, Henning (2006): Methoden der Usability Evaluation. Wissenschaftliche Grundlagen und praktische Anwendung. 1. Aufl. Bern: Huber (Praxis der Arbeits- und Organisationspsychologie).

Sarodnick, Florian; Brau, Henning (2016): Methoden der Usability Evalution. Wissenschaftliche Grundlagen und praktische Anwendung. 3., unveränderte Auflage. Bern: Hogrefe.

Sauer, Jürgen; Seibel, Katrin; Rüttinger, Bruno (2010): The influence of user expertise and prototype fidelity in usability tests. In: *Applied ergonomics* 41 (1), S. 130–140.

Sauer, Jürgen; Sonderegger, Andreas (2009): The influence of prototype fidelity and aesthetics of design in usability tests: effects on user behaviour, subjective evaluation and emotion. In: *Applied ergonomics* 40 (4), S. 670–677.

Sauro, Jeff (2011): A practical guide to the system usability scale: Background, benchmarks & best practices: Measuring Usability LLC.

Scheer, August-Wilhelm (2013): Industrie 4.0. Wie sehen Produktionsprozesse im Jahr 2020 aus?: IMC AG.

Schlick, Christoph M. (2010): Arbeitswissenschaft. 3., vollst. überarb. und erw. Aufl. Berlin, Heidelberg: Springer.

Schmitt, Mathias; Meixner, Gerrit; Gorecky, Dominic; Seissler, Marc; Losk-yll, Matthias (2013): Mobile Interaction Technologies in the Factory of the Future. In: *IFAC Proceedings Volumes* 46 (15), S. 536–542.

Schrepp, Martin; Hinderks, Andreas; Thomaschewski, Jörg (2016): User Experience mit Fragebögen evaluieren-Tipps und Tricks für Datener-hebung, Auswertung und Präsentation der Ergebnisse. In: *Mensch und Computer 2016 - Usability Professionals*.

Schünke, Michael; Schulte, Erik; Schumacher, Udo; Voll, Markus; Wesker, Karl (2007): Prometheus - Lernatlas der Anatomie. Allgemeine Anato-mie und Bewegungsystem. 2., überarb. und erw. Aufl. Stuttgart [u.a.]: Thieme.

Sedlmeier, Peter; Renkewitz, Frank (2008): Forschungsmethoden und Statistik in der Psychologie. München [u.a.]: Pearson Studium (PS Psy-chologie).

Seffah, Ahmed; Gulliksen, Jan; Desmarais, Michel C. (2005): Human-cen-tered software engineering. Integrating usability in the software devel-opment lifecycle. Dordrecht: Springer (Human-computer interaction se-ries, vol. 8).

Shneiderman, Ben; Plaisant, Catherine (2004): Designing the user inter-face. Strategies for effective human-computer interaction. Fourth edi-tion.

Simon, Herbert A. (1996): The Sciences of the Artificial. 3rd ed. Cam-bridge, Mass.: MIT Press.

Sonderegger, Andreas; Sauer, Jürgen (2009): The influence of laboratory set-up in usability tests: effects on user performance, subjective ratings and physiological measures. In: *Ergonomics* 52 (11), S. 1350–1361.

Sonnenberg, Christian; vom Brocke, Jan (2012): Evaluations in the Science of the Artificial – Reconsidering the Build-Evaluate Pattern in Design Science Research. In: Ken Peffers, Marcus A. Rothenberger und Bill Kuechler (Hg.): Design Science Research in Information Systems. Advances in Theory and Practice. Proceedings of the 7th International Conference of Design Science Research in Information Systems and Technology, Bd. 7286. DESRIST '12. Las Vegas, Nevada, USA. Berlin, Heidelberg: Springer Berlin Heidelberg (Lecture Notes in Computer Science), S. 381–397.

Spath, Dieter; Ganschar, Oliver; Gerlach, Stefan; Hämmerle, Moritz; Krause, Tobias; Schlund, Sebastian (2013): Produktionsarbeit der Zukunft - Industrie 4.0. [Studie]. Hg. v. Dieter Spath. Stuttgart.

Stockmann, Reinhard (2000): Evaluationsforschung. Grundlagen und ausgewählte Forschungsfelder (Sozialwissenschaftliche Evaluationsforschung, 1).

Stockmann, Reinhard (2007): Handbuch zur Evaluation. Eine praktische Handlungsanleitung. Münster, New York, München, Berlin: Waxmann (Sozialwissenschaftliche Evaluationsforschung, Bd. 6).

Stockmann, Reinhard (2014): Functions, methods and concepts in evaluation research. [Place of publication not identified]: Palgrave Macmillan.

Takeda, Hideaki; Veerkamp, Paul; Yoshikawa, Hiroyuki (1990): Modeling Design Process. In: AI Magazine 11 (4), S. 37–48.

Tegtmeier, P. (2016): Review zu physischer Beanspruchung bei der Nutzung von Smart Mobile Devices. Hg. v. Bundesanstalt für Arbeitsschutz und Arbeitsmedizin (BAuA).

Thompson, Katherine E.; Rozanski, Evelyn P.; Haake, Anne R. (2004): Here, there, anywhere. In: Richard Helps und Eydie Lawson (Hg.): the 5th conference. Salt Lake City, UT, USA, S. 132.

Thüring, Manfred; Mahlke, Sascha (2007): Usability, aesthetics and emotions in human–technology interaction. In: *International Journal of Psychology* 42 (4), S. 253–264.

Tillmann, Bernhard (2005): Atlas der Anatomie des Menschen. [New York]: Springer-Verlag Berlin Heidelberg (Springer-Lehrbuch).

Uebelbacher, Andreas (2014): The fidelity of prototype and testing environment in usability tests. Dissertation.

Vaishnavi, Vijay; Kuechler, William (2015): Design Science Research Methods and Patterns. Innovating information and communication technology. Second edition: CRC Press.

van Eijk, Daan; van Kuijk, Jasper; Hoolhorst, Frederik; Kim, Chajoong; Harkema, Christelle; Dorrestijn, Steven (2012): Design for Usability; practice-oriented research for user-centered product design. In: *Work (Reading, Mass.)* 41 Suppl 1, S. 1008–1015.

van Kuijk, Jasper; Kanis, Heimrich; Christiaans, Henri; van Eijk, Daan (2015): Barriers to and Enablers of Usability in Electronic Consumer Product Development: A Multiple Case Study. In: *Human–Computer Interaction* 32 (1), S. 1–71.

van Someren, Maarten W.; Barnard, Yvonne F.; Sandberg, Jacobijn A. C. (1994): The Think Aloud Method. A practical guide to modelling cognitive processes. London, Boston: Academic Press (Knowledge-based systems).

Venable, John (2006): The Role of Theory and Theorising in Design Science Research. In: DESRIST '06. Proceedings of First International Conference on Design Science Research in Information Systems and Technology. Claremont, California.

Venable, John; Baskerville, Richard (2012): Eating our own Cooking: Toward a More Rigorous Design Science of Research Methods. In: *Electronic Journal of Business Research Methods* 10 (2), S. 141–153.

Venable, John; Pries-Heje, Jan; Baskerville, Richard (2012): A Comprehensive Framework for Evaluation in Design Science Research. In: Ken Peffers, Marcus A. Rothenberger und Bill Kuechler (Hg.): Design Science Research in Information Systems. Advances in Theory and Practice. Proceedings of the 7th International Conference of Design Science Research in Information Systems and Technology, Bd. 7286. DESRIST '12. Las Vegas, Nevada, USA. Berlin, Heidelberg: Springer Berlin Heidelberg (Lecture Notes in Computer Science), S. 423–438.

Virzi, Robert A. (1992): Refining the test phase of usability evaluation: how many subjects is enough? In: *Human Factors : The Journal of the Human Factors and Ergonomics Society* 34 (4), S. 457–468.

Vogel-Heuser, Birgit; Bauernhansl, Thomas; Hompel, Michael ten (Hg.) (2017): Handbuch Industrie 4.0 Allgemeine Grundlagen. Allgemeine Grundlagen: Springer Berlin (4).

vom Brocke, Jan; Simons, A.; Niehaves, B.; Riemer, K.; Plattfaut, R.; Cleven, A. (2009): Reconstructing the giant: On the importance of rigour in documenting the literature search process. In: European Conference on Information Systems. ECIS 2009, Bd. 9. Vol. 9, S. 2206–2217.

Vredenburg, Karel; Mao, Ji-Ye; Smith, Paul W.; Carey, Tom (2002): A survey of user-centered design practice. In: Dennis Wixon (Hg.): the SIGCHI conference. Minneapolis, Minnesota, USA, S. 471.

Wächter, Michael; Bullinger, Angelika C. (2015): Gestaltung gebrauchstauglicher Assistenzsysteme für Industrie 4.0. In: Anette Weisbecker, Michael Burmester und Albrecht Schmidt (Hg.): Mensch und Computer 2015. Workshopband. Berlin, S. 165–169.

Wächter, Michael; Bullinger, Angelika C. (2016a): Engineering-Prozess zur Gestaltung eines CPS für Instandhalter. In: Volker Nissen, Dirk Stelzer, Steffen Straßburger und Daniel Fischer (Hg.): Multikonferenz Wirtschaftsinformatik (MKWI), Research-in-Progress- und Poster-Beiträge. Multikonferenz Wirtschaftsinformatik (MKWI). Ilmenau, 09.-11.03.2016. 3 Bände, S. 217–223. Online verfügbar unter http://www.mkwi2016.de/download/MKWI2016_Research-in-Progress-Poster-Band.pdf, zuletzt geprüft am 25.04.2016.

Wächter, Michael; Bullinger, Angelika C. (2016b): Gestaltung gebrauchstauglicher tangibler MMS für Industrie 4.0 – ein Leitfaden für Planer und Entwickler von mobilen Produktionsassistenzsystemen. In: *Zeitschrift für Arbeitswissenschaft* 70 (2), S. 82–88. DOI: 10.1007/s41449-016-0020-0.

Wächter, Michael; Bullinger, Angelika C. (2016c): Gestaltung von gebrauchstauglichen tangiblen Mensch-Maschine-Schnittstellen – ein Werkstattbericht. In: Christoph M. Schlick (Hg.): Megatrend Digitalisierung. Potentiale der Arbeits- und Betriebsorganisation. Berlin: GITO-Verlag (Schriftenreihe der Wissenschaftliche Gesellschaft für Arbeits- und Betriebsorganisation (WGAB) e.V), S. 163–174.

Wächter, Michael; Neumann, Christoph; Bullinger, Angelika C. (2017): Internet of Things für KMU. Low-Cost-Prototypen zur Realisierung der Digitalisierung in KMU. In: Norbert Gronau (Hg.): Industrial Internet of Things in der Arbeits- und Betriebsorganisation. Berlin: GITO-Verlag (Schriftenreihe der Wissenschaftliche Gesellschaft für Arbeits- und Betriebsorganisation (WGAB) e.V).

Weiss, Carol H.; Küchler, Manfred (1974): Evaluierungsforschung. Wiesbaden: VS Verlag für Sozialwissenschaften.

Wichansky, A. M. (2000): Usability testing in 2000 and beyond. In: *Ergonomics* 43 (7), S. 998–1006. DOI: 10.1080/001401300409170.

Wiedenhöfer, Torben (2015): Community Usability Engineering. Prozesse und Werkzeuge zur In-situ Feedbackunterstützung. Wiesbaden: Springer Fachmedien Wiesbaden.

Winter, D.; Schrepp, Martin; Thomaschewski, Jörg (2015): Faktoren der User Experience - Systematische Übersicht über produktrelevante UX-Qualitätsaspekte. In: Anja Endmann, Holger Fischer und Malte Krökel (Hg.): Mensch und Computer 2015 - Usability Professionals. Konferenz Mensch und Computer. Berlin: De Gruyter/Oldenbourg, S. 33–41.

Wright, Paul K. (2005): Rapid prototyping in consumer product design. In: *Communications of the ACM* 48 (6), S. 36.

Zühlke, Detlef (2012): Nutzergerechte Entwicklung von Mensch-Maschine-Systemen. Useware-Engineering für technische Systeme. 2., new bearb. Aufl. Heidelberg: Springer.

Zwicky, Fritz (1989): Entdecken, Erfinden, Forschen im morphologischen Weltbild. [2. Aufl. 1989 Reprint]. Glarus: Baeschlin (Schriftenreihe der Fritz-Zwicky-Stiftung, Band 5).

# Anhang

## A.1 Nutzerzentrierte Vorgehensmodelle

*Usability Engineering Life Cycle*

Der von Nielsen (1992) beschriebene Usability Engineering Life Cycle besteht aus elf Phasen und beruht auf den Goldenen Regeln von Gould und Lewis (1985). Jede Phase entspricht dabei einer Usability-Aktivität, die parallel zum Software-Entwicklungsprozess stattfinden soll. Aufbauend auf einer Analyse der Nutzer und ihrer Aufgaben zum Kennenlernen ihrer Anforderungen (*Know the user*) werden vergleichende Analysen (*Competitive Analysis*) dazu genutzt, Stärken und Schwächen bestehender Produkte bei der Gestaltung des neuen Produktes zu berücksichtigen. Für eine ausreichende Bewertungsgrundlage am Ende der Entwicklungsphase, werden zunächst Usability-Ziele (*Setting usability goals*) verabschiedet. Anschließend erstellen die Entwickler mehrerer Gestaltungsentwürfe (*Parallel design*) in Abstimmung mit den zukünftigen Nutzern *(Participatory design)*. Durch den Einsatz von Prototypen (*Prototyping*) und die Einhaltung vorhandener Richtlinien wird die Konsistenz der Nutzerschnittstelle sichergestellt (*Coordinated design*). Mit Hilfe von allgemeinen und unternehmensspezifischen Standards und Heuristiken (*Apply guidelines and heuristic analysis*) entstehen Prototypen, die anschließend von den zukünftigen Nutzern getestet werden (*Empirical Testing*). Dafür eignen sich summative sowie formative Evaluationsverfahren, deren Ergebnisse für die kontinuierliche Beseitigung (*Iterative design*) vorhandener Usability-Probleme genutzt werden. Nach erfolgreicher Fertigstellung werden Erkenntnisse und Informationen zur Nutzung im Feld gesammelt (*Collect feedback from field use*), die in neue Produktversionen einfließen.

*Star Life Cycle*

Der Star Life Cycle von Hix und Hartson (1993) beschreibt ein sternartiges Prozessmodell, wobei alle wesentlichen Usability-Aktivitäten mit der zentralen Aufgabe, der Usability-Evaluation, verbunden sind. Umgeben wird die Usability-Evaluation mit den fünf Aktivitäten Aufgaben- und funktionale

© Springer Fachmedien Wiesbaden GmbH, ein Teil von Springer Nature 2019
M. Wächter, *Gestaltung tangibler Mensch-Maschine-Schnittstellen*,
Gestaltung hybrider Mensch-Maschine-Systeme/Designing Hybrid Societies,
https://doi.org/10.1007/978-3-658-27666-9

Analyse (*System/Task/Functional/ User Analysis*), Spezifikation der Anforderungen (*Requirements/Usability Specifications*), Entwicklung eines Konzeptes (*Design & Design Representation*), Prototypenerstellung (*Rapid Prototyping*) und Systemimplementierung (*Implementation*). Am Ende jeder Aktivität erfolgt die Evaluierung der Ergebnisse, bevor die nächste Aktivität startet. Eine bestimmte Reihenfolge der Aktivitäten setzen Hix und Hartson dabei nicht voraus. Zusätzlich zu den bidirektionalen Verbindungen zwischen den umliegenden Aktivitäten und der Usability-Evaluation, existieren Kommunikationspfade zwischen den Usability- und Software-Design-Aktivitäten. Die Entwicklung des Nutzerinterfaces wird dabei getrennt vom restlichen System betrachtet und ist nur über die Systemanalyse und die Usability-Evaluation rückgekoppelt (Wiedenhöfer 2015).

*Usability Engineering Lifecycle*

Der Usability Engineering Lifecycle von Mayhew (1999) beschreibt ein komplexes Vorgehensmodell bestehend aus den drei Hauptphasen Anforderungsanalyse (*Analysis Phase*), Entwurfs-, Test- und Entwicklungsphase (*Design/ Testing/ Development Phase*) sowie Installation des Produktes beim Kunden (*Installation Phase*). Innerhalb der Entwurfs-, Test- und Entwicklungsphase erfolgt die iterative Gestaltung und Evaluation von Gestaltungsentwürfen verschiedener Reifegradstufen. Hierfür existieren Entscheidungspunkte zur Kontrolle der Zielerreichung, an denen bei Nichterfüllung vorher festgelegter Usability-Ziele zu einem festgelegten Prozessschritt zurückgesprungen wird. Neben den detaillierten Prozessschritten definiert Mayhew (1999) die vier verschiedenen Rollen Usability Engineer, User Interface Designer, User Interface Developer und den Nutzer sowie deren Aufgaben entlang des Vorgehensmodells. Die Rolle des Usability Engineers ist dabei hauptverantwortlich für die Anforderungsanalyse und die Evaluation der verschiedenen Prototypen in Interaktion mit den Nutzern. Im Aufgabenbereich des User Interface Designers liegen alle gestalterischen Tätigkeiten von der Berücksichtigung vorhandener Styleguides bis zur visuellen Gestaltung der Nutzerschnittstelle. Der Interface Developer implementiert schließlich die entwickelten Nutzerschnittstellen in

Mock-Ups und Prototypen. In der Rolle des Nutzers schlägt sich die Partizipation an allen Tätigkeiten zur Informationsgewinnung innerhalb der Anforderungsanalyse und in den einzelnen Evaluationsschritten nieder.

*Scenario-based Usability Engineering*

Mit dem Scenario-based Usability Engineering stellen Rosson und Carroll (2009) einen nutzerzentrierten Ansatz zur Gestaltung von Softwareoberflächen, bestehend aus den drei Hauptphasen Analysieren (*Analyze*), Gestalten (*Design*) sowie Prototypenerstellung und Bewertung (*Prototype and Evaluate*), vor. Dabei beschreiben Rosson und Carroll die verschiedenen Inhalte der Software durchgängig mit Hilfe von Szenarien. Zunächst werden in der Analysephase alle notwendigen Informationen der beteiligten Stakeholder über Interviews und Feldstudien gesammelt und in Problem-Szenarien (*Problem Scenarios*) zusammengefasst. Diese beschreiben die Anforderungen der Nutzer an die zu erledigende Aufgabe und den Nutzungskontext. Darauf aufbauend werden in der zweiten Phase Aktivitäts-, Informations- und Interaktionsszenarien erstellt. Dabei beinhalten Aktivitätsszenarien (*activity scenarios*) die benötigten Funktionen und Informationsszenarien (*information scenarios*) die benötigten Informationen und Daten der Nutzer für deren Aufgabenerfüllung. Interaktionsszenarien (*interaction scenarios*) beschreiben die Interaktionen zwischen Anwendern und System. Dabei berücksichtigen die Autoren im Zuge der Szenarienerstellung vorhandene Gestaltungsprinzipien, technische Anforderungen und menschliche Anforderungen (z.B. kognitive Fähigkeiten). Mit Hilfe verschiedener Prototypen (z.B. Storyboards, Papierprototypen, Mock-Ups) erfolgen formative Evaluationsstudien zur iterativen Verbesserung des Gestaltungsentwurfes. In der abschließenden Gestaltungsphase wird die Gebrauchstauglichkeit des entwickelten Systems schließlich summativ evaluiert.

*Nutzerzentrierter Entwicklungsprozess nach DIN EN ISO 9241-210*

Mit der DIN EN ISO 9241-210 (2011) veröffentlicht das Deutsche Institut für Normung einen *Prozess zur Gestaltung gebrauchstauglicher interaktiver Systeme* und damit ein standardisiertes Prozessmodell zur nutzerzentrierten Entwicklung. Aufbauend auf der abgelösten DIN EN ISO 13407 zur *Benutzer-orientierten Gestaltung interaktiver Systeme* umfasst die DIN EN ISO 9241-210 die vier grundlegenden Gestaltungsaktivitäten *Nutzungskontext beschreiben und verstehen, Nutzungsanforderungen spezifizieren, Gestaltungslösungen entwerfen* sowie *Gestaltungslösungen evaluieren*. Um den Nutzungskontext zu beschreiben und verstehen zu können, werden zunächst Informationen über Merkmale, Ziele und Arbeitsaufgaben der Anwender und anderer Stakeholder erhoben. Zur weiteren Spezifikation der Nutzungsanforderungen wird anschließend der Nutzungskontext des Produktes analysiert und Anforderungen an die Bedienung, z.B. ergonomische Richtlinien, abgeleitet. Deren Auswirkungen auf die Interaktion zwischen Anwender und System fließen in die Entwicklung der Gestaltungslösungen zur Mensch-Maschine-Schnittstelle ein. Abschließend findet in jeder Iteration eine Evaluation der Gestaltungslösungen aus der Benutzerperspektive statt. Die vier beschriebenen Phasen werden dabei iterativ bei allen Reifegradstufen der entwickelten Gestaltungslösungen durchlaufen.

*Useware - Entwicklungsprozess*

Der von Zühlke (2012) vorgestellte Entwicklungsprozess für Hard- und Softwarekomponenten besteht aus den vier sich überlappenden Phasen *Analyse, Strukturgestaltung, Bediensystemgestaltung* und *Realisierung*. Parallel zu den drei gestalterischen Phasen verläuft die Evaluation der Ergebnisse, sodass der Prozess vier Phasen und fünf Aktivitäten umfasst. In der Analysephase werden zunächst die Aufgabeninhalte und Anforderungen der Nutzer erhoben und im Zuge der Strukturgestaltung in ein generisches Benutzungsmodell zur abstrakten Darstellung der Interaktionen überführt. In der Phase der Gestaltung des Bediensystems wird das Benutzungsmodell erstmals entsprechend der ausgewählten Hard- und Softwareplattformen konkretisiert, bevor es in der Feingestaltung eine Detailierung und Optimierung hinsichtlich ergonomischer Richtlinien erfährt. Die Phase der Realisierung beginnt mit der Feinplanung des Benutzungsmodells und findet parallel statt. Somit können die Wechselwirkungen der hard- und softwaretechnischen Umsetzung aufgefangen werden. Nach jeder gestalterischen Phase findet eine Evaluation der entwickelten Prototy-

pen und Strukturdarstellungen durch repräsentative Nutzer statt. So gewährleistet Zühlke eine iterative Verbesserung des Entwicklungsergebnis-
ses.

*Goal-directed Design*

Das Goal-Directed Design von Cooper et al. (2014) beschreibt detailliertes
Vorgehensmodell zur Softwareentwicklung und besteht aus den sechs
Phasen Untersuchung (*Research*), Modellierung (*Modeling*), Anforderungen definieren (*Requirements*), Gestaltungskonzept festlegen (*Framework*), Detailgestaltung (*Refinement*) und Entwicklungsunterstützung
(*Support*). Mit dem Ziel, eine Verbindung zwischen den erhobenen Anforderungen und der konkreten Gestaltung der Benutzerschnittstelle zu
schaffen, ordnen Cooper et al. den Hauptphasen insgesamt 13 Aktivitäten
zu, die gleichzeitig eine Detaillierung des Vorgehensmodells bedeuten. In
der ersten Phase findet die Nutzer- und Nutzungskontextanalyse statt. Um
ein umfassendes Verständnis zum Anwendungsgebiet zu entwickeln, werden die Nutzer, technische Rahmenbedingungen und vergleichbare Produkte untersucht. Im Rahmen der Modellierung erfolgt die Zusammenfassung der erhobenen Informationen mit Hilfe von Personas[1]. Basierend auf
den narrativen Beschreibungen werden anschließend die Anforderungen
der Nutzer, des Nutzungskontextes und des Unternehmens an die zu ge-
staltende Benutzerschnittstelle definiert. Unter Verwendung genereller Gestaltungsprinzipien werden die Anforderungen zu einem generellen Konzept zusammengefasst und Beschreibungen der Mensch-Maschine-Interaktion sowie erste visuelle Darstellungen erstellt. Während der Detailgestaltung erfolgt die iterative Verfeinerung der Gestaltungsentwürfe, die in
dieser Phase mit Hilfe von Szenarien zur Validierung eingesetzt werden.
In der letzten Phase beginnt die eigentliche Programmierung des Systems,
in der Ansprechpartner aus dem Gestaltungsprozess bei der Lösung auftretender Schwierigkeiten behilflich sind.

---

[1] Personas sind Modelle, die narrative Beschreibungen der Nutzer, ihrer Arbeitsweisen, Mo-
tivationen und Ziele liefern.

*Interaction Design Lifecycle*

Der nutzerzentrierte Interaction Design Lifecycle von Rogers et al. (2015) umfasst die vier Phasen Anforderungserhebung (*Establishing requirements*), Gestaltung von Alternativen (*Designing alternatives*), Prototypenentwicklung (*Prototyping*) und Bewertung (*Evaluation*). Um ein umfangreiches Verständnis für die Fähigkeiten, Bedürfnisse, Anforderungen, Aufgaben und Erwartungen der zukünftigen Anwender zu erlangen, beginnt der Prozess mit einer Nutzer- und Nutzungskontextanalyse. Dabei unterscheiden Rogers et al. in funktionale- und nichtfunktionale Anforderungen an ein System sowie Rahmenbedingungen und Projekttreiber. In der zweiten Phase werden verschiedene Gestaltungalternativen entwickelt, die den Anforderungen gerecht werden. Dazu werden im ersten Schritt abstrakte Konzeptmodelle entworfen, um die Funktionen und Möglichkeiten der Interaktion des Produktes zu verstehen. Anschließend entsteht konkrete Konzeptmodelle, bestehend aus konkreten Details, wie Farben, Menü- und Icon-Designs. Diese werden in der nächsten Phase prototypisch umgesetzt. Dazu können verschiedene Reifegrade, vom Papierbasierten Prototyp bis hin zum Mock-Up, für die Identifikation von Gestaltungspotenzialen genutzt werden. In der Evaluationsphase folgt die Bewertung der erstellten Prototypen hinsichtlich ihrer Gebrauchstauglichkeit und des Nutzererlebens. Durch ein hohes Maß an Nutzerbeteiligung im gesamten Gestaltungsprozess soll die Akzeptanz des Produktes gesteigert werden.

*Contextual Design*

Mit dem Contexutal Design beschreiben Holtzblatt und Beyer (2016) ein detailliertes Vorgehensmodell, bestehend aus den sechs Phase Kontextrecherche (*context inquiry*), Arbeitsprozessmodellierung (*work modeling*), Zusammenführung (*consolidation*), Reorganisation (*work redesign*), Benutzerumgebung (*user enviroment design*) sowie Mock-up und Nutzertest (*mock-up and test with customers*). Innerhalb dieser Phasen werden Informationen der Anwender Schritt für Schritt in das Design von technischen Produkten überführt. Die im ersten Schritt gesammelten Informationen werden anschließend in unterschiedlichen Modellen, z.B. über Flussdiagramme oder Schemata, visualisiert. Durch die Zusammenführung der erarbeiteten Informationen und Modelle entsteht ein ganzheitliches Bild über die Aktivitäten der Nutzer, mit dessen Hilfe im Weiteren die Arbeitsabläufe der Anwender optimiert werden. Aufbauend auf diesen Ergebnissen wird im nächsten Schritt die generelle Nutzerschnittstelle definiert, die als Basis für die Gestaltung der Mock-Ups und Prototypen dient. Diese werden iterativ mit den Anwendern getestet, weiterentwickelt und validiert.

*UX Lifecycle Template*

Das UX Lifecycle Template von Hartson und Pyla (2016) besteht aus den vier iterativ anwendbaren Phasen Analyse (*Analyze*), Gestaltung (*Design*), Prototypenerstellung (*Prototyping*) und Bewertung (*Evaluate*). In der ersten Phase wird eine Kontextanalyse durchgeführt, um die Bedürfnisse der Anwender für die neue Systemgestaltung abzuleiten. Die aufgenommenen Anforderungen an die Mensch-Maschine-Interaktion werden zunächst abstrahiert und anschließend in einem Modell synthetisiert, die den Gestaltungsraum und die verschiedenen Aufgaben skizzieren. Basierend auf dem entstandenen Modell werden Gestaltungsideen gesammelt und mittels iterativer Rückkopplung zur Analysephase zu konzeptionellen, vorübergehenden und detaillierten Gestaltungsvorschläge weiterentwickelt. In Abhängigkeit des Reifegrades der Gestaltungsvorschläge entstehen parallel verschiedene Arten von Prototypen. Diese können low-fidelity (Papier-Prototypen), medium-fidelity und high-fidelity (funktionale Prototypen) sein. Für die iterative Bewertung der verschiedenen Prototypen in Phase 4 zeigen die Autoren schnell durchführbare Bewertungsverfahren, z.B. Fokusgruppen oder Fragebögen, und gründliche Verfahren, wie Labortests und Cognitive Walkthrough, auf.

*Prozessmodell Usability Engineering*

Das Prozessmodell Usability Engineering von Sarodnick und Brau (2016) umfasst die vier Phasen Analyse, Konzept, Entwicklung sowie Einführung und wird aus den Potentialen vorheriger Modelle, z.B. Mayhew (1999), abgeleitet. Innerhalb der verschiedenen Phasen durchläuft das Modell 11 Aktivitäten von denen die Evaluation im Zentrum aller Aktivitäten, ähnlich des Star Life Cycle von Hix und Hartson (1993), steht. In der Analysephase erfolgt zunächst eine Arbeits-, Prozess und Systemanalyse und die Erhe-

bung der Nutzeranforderungen. Dafür stellen Sarodnick und Brau verschiedene Verfahren zur Verfügung und beschreiben deren Vor- und
Nachteile. Die Konzeptphase beschäftigt sich mit der Konzeption verän-
derter Arbeitsaufgaben und -prozesse durch die Nutzung des neuen Systems. Daraus werden in den nächsten Schritten die Systemfunktionalitäten
abgeleitet sowie iterativ ein Konzept zur Umsetzung entwickelt und evaluiert. Bei auftretenden Problemstellungen besteht die Möglichkeit in die
Analysephase zurück zu springen. In der Entwicklungsphase erfolgt die
eigentliche Umsetzung des Systems, zunächst mittels Prototypen und bei
erfolgreicher Evaluation hinsichtlich der festgelegten Usability-Kriterien
über die Integration ins Gesamtsystem. Dabei spielt neben softwaretechnischen Aspekten auch die später eingesetzte Hardware eine Rolle. Im
Rahmen der Einführungsphase wird das entwickelte System zunächst mit
wenigen Nutzern getestet und die in der zweiten Phase konzipierten Ar-
beitsgestaltungsmaßnahmen geplant und umgesetzt. Besteht auf Grund
der Evaluationsergebnisse noch Korrekturbedarf, erfolgen weitere Schlei-
fen über die Entwicklungsphase bis eine flächendeckende Einführung
stattfinden kann.

## A.2 Formatvorlagen für angewendete Fragebogenwerkzeuge

*Comfort Questionnaire for Handtools nach Kuijt-Evers et al. (2007)*

| Komfort von Handwerkzeugen | Trifft über- haupt nicht zu | | Trifft eher nicht zu | | Trifft eher zu | | Trifft voll und ganz zu |
|---|---|---|---|---|---|---|---|
| Passt in die Hand | 1 | 2 | 3 | 4 | 5 | 6 | 7 |
| Ist funktional | 1 | 2 | 3 | 4 | 5 | 6 | 7 |
| Ist einfach im Gebrauch | 1 | 2 | 3 | 4 | 5 | 6 | 7 |
| Besitzt eine gute Kraftübertragung | 1 | 2 | 3 | 4 | 5 | 6 | 7 |
| Hat ein angenehmes Gefühl | 1 | 2 | 3 | 4 | 5 | 6 | 7 |
| Bietet eine hohe Aufgabenleistung | 1 | 2 | 3 | 4 | 5 | 6 | 7 |
| Bietet eine hohe Produktqualität | 1 | 2 | 3 | 4 | 5 | 6 | 7 |
| Professionelle Optik | 1 | 2 | 3 | 4 | 5 | 6 | 7 |
| Benötigt eine geringe Kraft zum Greifen | 1 | 2 | 3 | 4 | 5 | 6 | 7 |
| Besitzt eine gute Reibung zwischen Griff und Hand | 1 | 2 | 3 | 4 | 5 | 6 | 7 |
| Bewirkt Hautreizungen | 1 | 2 | 3 | 4 | 5 | 6 | 7 |
| Bewirkt eine hohe Belastung der Hand | 1 | 2 | 3 | 4 | 5 | 6 | 7 |
| Verursacht Blasen | 1 | 2 | 3 | 4 | 5 | 6 | 7 |
| Fühlt sich klamm an | 1 | 2 | 3 | 4 | 5 | 6 | 7 |
| Verursacht Taubheitsgefühl u. verringert taktiles Empfinden | 1 | 2 | 3 | 4 | 5 | 6 | 7 |
| Verursacht eine Verkrampfung der Muskeln | 1 | 2 | 3 | 4 | 5 | 6 | 7 |

| Gesamtkomfort | Sehr unkom- forta- bel | | Ein wenig unkom- forta- bel | | Ein wenig kom- forta- bel | | Sehr kom- forta- bel |
|---|---|---|---|---|---|---|---|
| Einhändiges Greifen ist | 1 | 2 | 3 | 4 | 5 | 6 | 7 |
| Beidhändiges Greifen ist | 1 | 2 | 3 | 4 | 5 | 6 | 7 |
| Die Griffform insgesamt ist | 1 | 2 | 3 | 4 | 5 | 6 | 7 |

## System Usability Scale (SUS) nach Brooke (1996)

## Bewertung der Gebrauchstauglichkeit des Gesamtsystems

| Aussage | lehne stark ab | | unent-schie-den | | stimme stark zu |
|---|---|---|---|---|---|

1. Ich kann mir vorstellen, dass ich das System häufig nutzen würde.

   1　2　3　4　5

2. Ich empfand die Bedienung des Systems als unnötig komplex.

   1　2　3　4　5

3. Ich fand, das System war einfach zu bedienen.

   1　2　3　4　5

4. Ich benötigte die Unterstützung eines Experten, um das System bedienen zu können.

   1　2　3　4　5

5. Meiner Meinung nach sind die unterschiedlichen Funktionen des Systems gut integriert.

   1　2　3　4　5

6. Ich dachte, dass bei der Bedienung des Systems zu vieles inkonsistent war.

   1　2　3　4　5

7. Ich könnte mir vorstellen, dass die meisten Nutzer sehr schnell lernen, dieses System zu bedienen.

   1　2　3　4　5

8. Ich fand, das System ließ sich nur sehr mühsam bedienen.

   1　2　3　4　5

9. Ich fühlte mich im Umgang mit dem System sehr sicher.

   1　2　3　4　5

10. Ich muss viel lernen, bevor ich mit dem System umgehen kann.

    1　2　3　4　5

$$SUS = \sum_{n=1}^{5} \Big( \big( (Bewertung\ Aufgabe\ [2n-1]) - 1 \big) + (5 - Bewertung\ Aufgabe\ [2n]) \Big) * 2{,}5$$

*AttrakDiff (kurz) nach Hassenzahl et al. (2003)*

Bewertung der Systemattraktivität

| einfach | o | o | o | o | o | o | o | kompliziert |
|---|---|---|---|---|---|---|---|---|
| hässlich | o | o | o | o | o | o | o | schön |
| praktisch | o | o | o | o | o | o | o | unpraktisch |
| stilvoll | o | o | o | o | o | o | o | stillos |
| voraussagbar | o | o | o | o | o | o | o | unberechenbar |
| minderwertig | o | o | o | o | o | o | o | wertvoll |
| phantasielos | o | o | o | o | o | o | o | kreativ |
| gut | o | o | o | o | o | o | o | schlecht |
| verwirrend | o | o | o | o | o | o | o | übersichtlich |
| lahm | o | o | o | o | o | o | o | fesselnd |

Printed in the United States
By Bookmasters